与鸟儿在天空中齐歌共舞

YUNIAOERZAITIANKONGZHONGQIGEGONGWU

戚万凯◎著

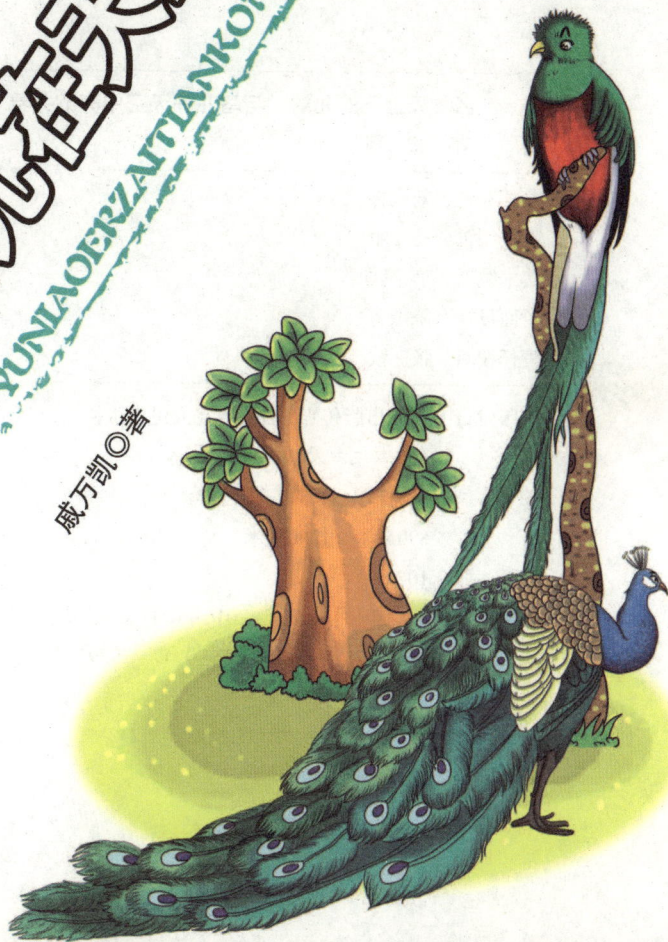

河北出版传媒集团

河北人民出版社

图书在版编目（CIP）数据

天上飞的儿歌：与鸟儿在天空中齐歌共舞 / 戚万凯著. —
石家庄：河北人民出版社，2013.6

ISBN 978-7-202-07253-0

Ⅰ．①天…　Ⅱ．①戚…　Ⅲ．①鸟类—少儿读物　Ⅳ.
①Q959.7-49

中国版本图书馆CIP数据核字（2013）第013066号

书　名	天上飞的儿歌：与鸟儿在天空中齐歌共舞	
著　者	戚万凯	
总 策 划	刘成林	
责任编辑	马　丽	
美术编辑	李　欣	
封面设计	陈淑芳	
责任校对	张三铁	
出版发行	河北出版传媒集团　河北人民出版社	
	（石家庄市友谊北大街330号）	
印　刷	三河市南阳印刷有限公司	
开　本	890毫米×1240毫米　　　1/16	
印　张	10	
版　次	2013年6月第1版　2016年6月第2次印刷	
书　号	ISBN 978-7-202-07253-0 / G·2939	
定　价	28.60元	

目 录

播树种

松雀鸟，去上工，
干什么？播树种。
又播种，又施肥，
绿化祖国立大功。

松雀、太平鸟、鹀这三种鸟都是森林中的义务播种能手。它们之所以能为林木播种，是因为它们都有"消化不良"的毛病——即它们所爱吃的浆果，其种子在肠胃中没有被消化。"树种穿肠过"之后，萌发能力不但没有失去，反而还在鸟粪的肥料作用下得到了强化。因此，它们的粪便排到哪里，哪里就会有林木生根发芽、繁衍生发。它们飞到哪儿就把生命之绿播撒到哪儿。

1

睡觉

小鸟上树睡大觉，

小心不要往下掉。

小鸟睁眼喳喳叫：

"我的双脚抓得牢。"

　　小鸟能够站在树上睡觉，是因为小鸟能用脚牢牢地抓住树枝。当它站在树枝上时，腿骨会弯曲起来，把身体的重量都集中在脚趾的后半部骨骼上。这样，它的脚趾就能抓紧树枝。而且，鸟的小脑很发达，能调节附在骨骼上的骨骼肌的运动，使肌肉维持在紧张状态，因而在睡觉时仍能保持身体平衡。

鸟儿之最

天鹅飞得最最高，
燕鸥飞得最最远。
鸵鸟是个大胖哥，
蜂鸟是个小不点。
鸟儿举行飞行赛，
老鹰冲在最前面。

现今世界飞得最高的鸟是天鹅，飞行高度可达5000米以上。飞行距离最远的鸟是北极燕鸥，可以从地球的北极飞达南极，获得"鸟中长飞冠军"称号。当今世界最大的鸟是鸵鸟，成年雄性鸵鸟体重可达150公斤，一般鸵鸟体重也在50公斤左右。当今世界最小的鸟是蜂鸟，体长不过7厘米~8厘米，体重也只有几克(比麻雀小多了)。世界上飞得最快的鸟是老鹰，它在高空中敏锐地发现猎物以后，然后在瞬间即可俯冲捕捉到猎物。

鸟儿做窝

鸟儿妈妈手艺精，
做个鸟巢能保温。
鸟巢筑得高又高，
不让敌人进家门。

鸟巢有哪些作用呢？一般认为它首先能使鸟卵聚集在一起，让所有的鸟卵能同时被巢内的亲鸟所孵化。鸟巢大多由植物纤维、兽毛和鸟羽等织成，有一定的保温作用，可以减缓由于孵卵亲鸟短期离开巢窝而使已孵热的卵变凉。由于很多鸟类能把巢筑在非常隐蔽的地方，再加上有些伪装，就使孵卵亲鸟、卵和雏鸟更有安全保障了。还有些鸟充分利用它们的飞行优势，把巢筑在悬崖绝壁上或高高的树梢细枝杈间，使得各种天敌即使发现了它们的巢，也可望而不可即。

鸟儿远行

鸟儿出门去远行，
个个带上指南针。
飞遍东西南北中，
顺顺利利回家门。

迁徙的鸟类可以凭借地球两极的磁力向南北方向飞
行。在这些鸟儿的眼中和它们的体内有一种对蓝光敏感
的"感光器"。迁徙的鸟类如果单靠南北极是无法辨别
方向的，这时就需要光来帮忙。"感光器"可以帮助它
们调节视觉灵敏度，在这些动物眼中是地磁图像和光的
信息相结合的图像。

鸟儿说外语

美国鸟到法国去，
开口说话说英语。
法国鸟，听不懂：
"咋不随身带翻译？"

你知道吗？鸟类也有"外语"。美国科学家做了一个实验：用录音带录下了美国宾夕法尼亚州乌鸦的惊叫声，然后拿到美国其他州有乌鸦的地方去播放，听到录音的乌鸦都马上惊慌地飞走了。可是当它们把录音带送到法国对着乌鸦播放时，法国乌鸦不仅不飞逃，反而聚拢来听得津津有味儿，它们对美国乌鸦的惊叫声没有做出相应的反应。因为它们听不懂。

打广告

百灵鸟，唱又跳，
草原上面打广告：
天天我开演唱会，
公益演出不卖票。

百灵鸟是草原的"主人"。天刚发白，它们就成群地飞舞在这块绿色的"地毯"上，跳啊，唱啊，草原顿时热闹起来。百灵鸟的歌声早已闻名于世，它的鸣声清脆响亮，尤其是一种叫"蒙古百灵"的，叫声更是婉转动听，它不但能效仿许多种鸟的叫声，如小鸡的鸣叫、公鸡的啼鸣、麻雀的喳叫、家燕的哨鸣，而且还能学猫叫，甚至就连婴孩的啼哭声也学得那样逼真。蒙古百灵非常喜欢鸣叫，除严冬季节鸣叫略少外，春、夏、秋三个季节，每天都从清晨鸣叫到夜幕降临，真不愧是草原上的歌手。

装假牙

鸟儿吃饭没牙，
自己动手装吧。
假牙装在胃里，
哎呀假牙是砂。

我们都知道，牙医能给缺牙者装上假牙达到保健目的。鸟类是没有天然牙齿的动物，就得借助于假牙来磨碎食物，然而它们的假牙不是装在口腔里，而是搁进了胃里。鸟类的所谓"假牙"，就是将一些砂粒装进了一个肌壁十分发达的砂囊里，鸟类吃下的谷物正是由这些砂粒磨碎的。

做检讨

有害处的鸟

鸟儿做检讨，
叽叽喳喳叫：
病毒到处传，
庄稼毁坏了。
粪便四处撒，
上天胡乱跑。
要是撞飞机，
哎呀不得了。

少数鸟类在部分地区和时间内，有时能对人类经济活动造成损失，其中最主要的是食谷鸟类对农作物的危害。主要毁坏作物的鸟类是鹦鹉、鸦类、椋鸟、拟椋鸟、文鸟和雀科的少数种类，在世界范围造成危害的麻雀就属于文鸟科中的一种。还有极少数鸟类，例如鹦鹉、家鸽、环颈雉、家鸡和麻雀等的体内，能分离出在人、禽、畜间传染流行病的病毒。此外，鸟类粪便对城市建筑物的污染，在一些城市公园、名胜古迹和国防设施等地能造成损失；少数鸣声刺耳的群居性鸟类（例如乌鸦与麻雀）还产生噪音。一些海鸟以及迁徙鸟类在偶然条件下（例如大风和多雾）能与机场附近的飞机相撞造成事故。

葬礼

小文鸟，忙又忙，

花瓣撒在尸体上；

小秃鹫，兴崖葬，

尸体送到高山上；

小乌鸦，爱水葬，

尸体送到大池塘。

　　在南美洲亚马逊河流域的森林中，生活着一种体态娇小的文鸟，它们的葬礼也许是动物世界最为文明的一种。它们用嘴叼来绿叶、浆果和五颜六色的花瓣，撒在同类的尸体上，以示悼念。同样栖息在南美洲的一种秃鹫，则选择了"崖葬"的方式。当同伴死后，大家就将尸体撕成碎片，然后用利爪将这些碎片送到高山崖洞之中。放好之后，在崖洞的上空不停地盘旋，以默念死者"归天"的亡灵。乌鸦的"葬礼"是大家在山坡上排成弧形，死者躺在中间。群体中的首领站在一旁发出"啊，啊"的叫声，好像在致"悼词"。然后有两只乌鸦飞过去，把死者衔起来送到附近的池塘里。最后大家由首领带队，集体飞向池塘的上空，一边盘旋，一边哀鸣，数圈之后，才向"遗体"告别，各自散去。

模仿秀

鹩哥学唱歌，

多来咪发索；

鹦鹉学说话，

"你早！"

"你好吗？"

椋鸟学裁判，

哨音一长串。

鸟儿都有自己特定的鸣声。除此之外，有些鸟儿还喜欢学其他鸟的鸣啭。科学家们把这种现象称作效鸣。椋鸟是效鸣能手，它们有时还能模仿小嘲鸫。更令人难以置信的是，一只椋鸟在第二次世界大战中学会德国V-1火箭飞行时的呼啸声，而另一只椋鸟学会了足球裁判的哨声。你说奇不奇？

红鹳脱毛衣

红鹳鸟妈咪，
穿件神毛衣。
红毛衣一脱，
变成白毛衣。

红鹳是世界珍禽，又叫红鹤、火鹳，俗称火烈鸟。有的为胭脂红，有的是粉红、粉白并杂以红色。在巴哈马，流传着一个神话，据说红鹳能活500年，临死时还会用翅膀扇起一堆熊熊火焰进行自焚，在灰烬中再生出新的生命，所以当地人称它为"神鸟"。奇怪的是，粉红色的羽毛一经拔下，立即变成白色。

学做"人"

丹顶鹤，出远门，
爸妈带头来飞行。
出门在外要学好，
大家一起学做"人"。

丹顶鹤总是成群结队迁徙，而且排成"人"字形。这"人"字形的角度永远是110°。更精确的计算还表明，"人"字夹角的一半，即每边与鹤群前进的方向夹角数为54°44′88″，而金刚石结晶体的角度也恰好是这个度数。

送别

美洲鹤，降地面，
围着尸体转圆圈。
瞻仰遗容很伤心，
同伴友情记心间。

在鸟类中，鹤类是极富情感的种类。生活在北美洲沼泽地带的美洲鹤，如果发现死亡的同类，便会久久地在其尸体上空盘旋徘徊。然后，由首领带着群体飞落地面，默默地绕着尸体转圈，悲伤地"瞻仰"死者的遗容。

抢贝壳

小贝壳，浪抛来，
鸟儿一见都飞来。
滨浪鹬，先下手，
抢到嘴里乐开怀。

在陆地靠近海洋的边缘地带，湖泊里的水不是每年消退一次，而是每天消退两次。退水后留在湖床上的食物很多，各种鸟会争先恐后飞来觅食。有些鸟争抢食物简直到了不要命的地步。滨浪鹬是竞争的胜利者，没有别的鸟能比它更快地抢到退水时留下来的星星点点的食物。它动作敏捷，总是飞近浪花，啄食那些被水浪抛起来还来不及把壳闭上的小贝壳。

选舞台

鸟儿唱歌选舞台，
天然话筒不用带。
声音高的树上去，
声音低的地上来。

　　不同的鸟总喜欢在不同的"舞台"上表演：有的喜欢站在树冠上放歌，有的则偏爱在地面上鸣唱，以使自己的歌声可以传播到更远的范围。声音低沉的鸟经常在地面停留，这是因为地面附近的空间较为适合传播低频率音；而声音高亢的鸟则总是喜欢在树冠上放歌，因为那里更适合传播高频率音。

自疗

山鹬鸟，骨折断，
不用麻烦上医院。
水草敷，泥土黏，
石膏绷带处理完。
站在一边不要动，
绷带固定回家园。

　　自然界中有不少动物，得了小病会自己治疗，方法也很巧妙。一只山鹬在水边啄取软泥和水草敷在受伤的腿膝上，外面再用黏土胶，做成"石膏绷带"。处理完后，它就兀立不动，等它的"绷带"干燥固定后才飞走。

收尸

牛马死了倒在地，
高山兀鹫来收尸。
收尸收到哪儿去？
收进它的大肚子。

　　高山兀鹫生活在高原、荒漠、山区。高山兀鹫丧失了捕捉动物的能力，用特别强健发达的嘴撕扯各种动物尸体。高山兀鹫结群活动，飞行力强而持久，经常长时间在空中翱翔。发现动物尸体后，降落取食。食量极大，几十只高山兀鹫一天之内就可吃完一条牛的尸体。高山兀鹫对病菌有特殊的抵抗力，尽管它们经常取食因病饿死亡的动物尸体，但自己却从不患病。在西藏，取食天葬死者肉体的高山兀鹫被视为神鸟，严禁任何人捕杀。高山兀鹫在自然界从事"收尸"的行当，能起到清洁自然、减少动物疾病传播的作用。

宝宝打架

鹤宝宝，好狠心，

兄弟姐妹当敌人。

你打我，我打你，

打得鼻肿脸也青。

哎呀打架多不好，

本来就是一家人。

黑颈鹤与众不同地分布在高原上，号称"高原中的鹤"。它们天生性情好斗。小黑颈鹤破壳问世后仅2天~3天，同一巢内的两只雏鹤，就会斗得难解难分，最终一定要斗得"一奶同胞"一死一活。幸存的一只，有时也难逃夭折的命运。辛辛苦苦的双亲，到头来膝下竟无一子女陪伴，这是造成黑颈鹤数量难以增多的重要原因。

一嘴一个

白腰杓鹬沙滩走，
不是海边来旅游。
潮水送来小蚶蛎，
一嘴一个吃个够。

　　"鹬蚌相争，渔翁得利"，是人们熟悉的一句成语。鹬实际上是指蛎鹬和鹬科的一些鸟类。蛎鹬经常活动在河滩上，觅食软体动物、甲壳类和蠕虫等。蛎鹬的嘴细而长。生活在海边的白腰杓鹬，同潮汐的节律相适应。潮涨时，它们在岸边悠闲地休息，啄理羽毛；潮退时，就来到刚被海水淹过的沙滩上觅食。潮水不断涨落，每天给白腰杓鹬送来丰富的食物，只要在海滩上啄捡就是。

红嘴夫妻

相思鸟，小红嘴，
夫妻双双翩翩飞。
前面飞，后面追，
相亲相爱又相随。

清晨，温暖的阳光照射在丛林里，相思鸟从蒙眬的睡梦中醒来，振翅抖羽，显得格外精神。它们在树丛中穿飞，在枝杈间跳跃，昂首高歌，那响亮的鸣叫声在山林中回旋。它们喜欢结群活动，或雌雄一起翩翩飞舞，形影不离。因此，有人说它们是"相亲相爱"的鸟，借以比喻夫妻间的恩爱和睦感情。

跳芭蕾

瓣蹼鹬，飞过来，
湖泊池塘作舞台。
水上芭蕾翩翩舞，
好像仙女下凡来。

瓣蹼鹬是北极的候鸟。它们生性好动，尤其善舞，在湖泊池塘之中，经常可以看到瓣蹼鹬翩翩起舞，犹如水上芭蕾，兴致所至，可连续旋转240多圈，舞态生风，光华夺目，使人看了眼花缭乱，叹为观止。

吃轮胎

啄羊鹦鹉真是坏，
不做好事搞破坏。
吃了轮胎又吃羊，
快快把它抓起来。

新西兰有一种"食肉鹦鹉"，又称啄羊鹦鹉，是生物界中最厚颜无耻的家伙。它们不满足于对一般食物的享受，有时兴起，还会把汽车上可以嚼得动的诸如轮胎等东西，拿来当成一顿美食。食肉鹦鹉不但破坏居民的财物，并且一直把农民们辛辛苦苦喂养的绵羊也当作食物。

上舞台

鹦鹉鸟，上舞台，
小小嘴巴翘起来。
推小车，打篮球，
口技滑冰样样来。

　　鹦鹉，是比较聪明的鸟。它们的表演才能，与它们的喙形有关。上喙、下喙都可以活动，都可以叼东西。当然，除了形状较特殊的喙以外，人为的长期训练、驯化，使它形成了条件反射，从而具备了推小车、投篮球等本领。甚至有的鹦鹉可以将推小车、投篮球、滑冰、模仿人说话等技能集于一身。

喜鹊死了怎么办

喜鹊死了怎么办？
土葬水葬都不干。
想个办法真残忍，
尸体拿去当晚餐。

　　科学家发现，喜鹊的葬礼非常奇特。当一只喜鹊发现死去的"战友"时，即发出一连串尖叫声，召唤附近的喜鹊向死难者俯冲下去，啄食它的尸体。

一等奖

相思鸟儿真漂亮，
身穿一件花衣裳。
参加鸣禽选美赛，
得了一个一等奖。

相思鸟的体型比麻雀稍大，在它那仅有150毫米长的体躯上，汇集了橄榄绿、金黄色等六七种鲜艳的羽色，在鸣禽类中是最美的。

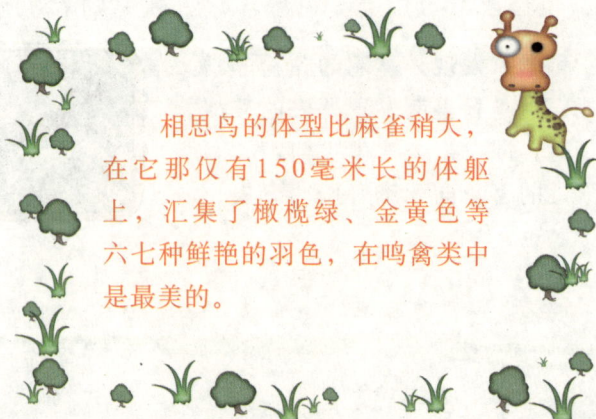

滑翔机

信天翁，野小子，
风平浪静不欢喜。
一有暴风哈哈笑，
上天变成滑翔机。
停在空中几小时，
任凭风儿吹身体。

　　航行在太平洋里的人们，常常可以看到一群振翅盘旋的海鸟——信天翁，跟着海轮，寻觅食物。在蓝天碧海之间，信天翁能巧妙地利用海面的气流，像滑翔机一样高速翻飞，随便兜一个圈子，就是2000米～3000米，在短短的一个小时里，能横扫110千米的海面。有趣的是，信天翁能长时间地停留在空中，有时甚至几个小时不扇动一下翅膀，任凭风来吹送。它最得意于令人胆战心惊的海洋风暴，这时，信天翁便能驾驭长风进行搏击。信天翁不喜欢风平浪静的日子，这时海上没有上升气流供它们滑翔，不能乘风翱翔，不得不扇动那细长的翅膀。没有风的时候，它在陆地简直无法起飞。

喳喳叫

喜鹊喳喳叫，身穿黑白袄，
拖条长尾巴，一叫尾巴翘。
一叫，一翘，一翘，一叫，
喳喳喳喳好热闹。

　　"喜鹊叫，喜事到"，这种说法现在不会有人相信了，但是喜鹊在人们的心目中，还是很受喜爱的一种鸟。这是为什么呢？喜鹊羽毛颜色清晰爽目，只有黑白两种，飞行时，拖着一条长尾巴，黑白更加分明醒目；它的"喳、喳喳"的声音，韵调虽然简单，但清脆响亮，不像乌鸦那种"啊、啊"的单调叫声，给人一种沉闷之感，加之全身乌黑，更觉厌恶。喜鹊在鸣叫的同时，尾巴也随之上下翘动，活泼动人惹人喜爱。清晨，门窗打开，迎面树上喜鹊连声鸣叫，顿时精神振奋，难怪使人产生喜兆预感。

脱毛衣

松毛虫，大坏蛋，

毒毛衣，身上穿。

灰喜鹊，抓住它，

脱掉毛衣丢一边。

一嘴把它吞下去：

"嗯，这个味道我喜欢。"

　　松毛虫是林业上的第一大害虫，数量多了能形成灾害，可以把整片松林毁掉。松毛虫浑身长满了毒毛，很少有几种吃虫鸟敢接近它。俗称山喜鹊的灰喜鹊却很勇敢，它特别喜欢吃松毛虫，而且有处理毒毛的方法。它叼起松毛虫后，不忙吃掉，在一块石头上将毒毛蹭去，然后用它的尖锐大嘴，啄成碎块，美滋滋地吞食。它的食量很大，一只灰喜鹊一年内能吃掉1500多条松毛虫，直接保护了一亩甚至三四亩的松林免遭其害。

学老鼠

草原雕，真有趣，
它向老鼠来看齐：
老鼠上班它上班，
老鼠休息它休息。
你猜这是为什么？
捉住老鼠当粮食。

"草原雕"，是唯一栖息在内蒙中部开阔草原地带的鹰类。它能大量猎食啮齿类有害动物，如野兔、黄鼠、跳鼠及田鼠等，在保护牧草苗壮生长、提供牲畜足够的饲料方面，起着积极作用，从而是发展畜牧业生产上的"有功之臣"。草原雕多见于低山和开阔的草原地带，平时飞行较低，多见翱翔在150米~200米高的草原上空，有时在地面上寻找捕猎食物，站在鼠类洞外"守株待兔"。它每日取食的时间，与鼠类的活动规律恰好一致，大都在早上7点~10点以及傍晚时进行觅食。所以，草原雕是鼠类的有力天敌。

抢劫犯

海鸥捕鱼回家园，
白头海雕路上拦。
"把鱼统统给留下，
不留小命就完蛋。"
白头海雕不学好，
成了一个抢劫犯。

白头海雕最突出的特点是头和尾都洁白如雪，身体其余部分为棕色。白头海雕以捕食鱼类和其他一些小动物为生，它们也食腐肉。它们还常常倚仗武力夺它人口中之食。有时它们逼着鸥等弱小的捕鱼鸟吐出猎物；有时则强行抢食，弱小的鸟迫于它们的强大而让出食物。甚至体型较大的美洲鹫也得在它们的威逼下，乖乖地吐出已吞入嗉囊中的腐肉。否则，美洲鹫就会遭到白头海雕的猛烈攻击，轻则受伤，重则丧命。

买米

白尾海雕小弟弟，
妈妈叫它去买米。
几小时后一看它，
嗬，一动不动在原地。

白尾海雕鸟分布在欧
洲、亚洲。它的习性非常懒
散，蹲立一个地方一动不
动，可以达几个小时。

请保姆

麝雉夫妇请保姆，
带带孩子做家务，
看看家门修修补，
真是一个好保姆。

在南美奥里诺科和亚马逊盆地的热带沼泽地区，生存着世界上最为奇怪的一种鸟——麝雉。在繁殖群中，只有两只麝雉是真正的夫妻，其余的都是"保姆"。大约60%的麝雉"家庭"有"保姆"，大多数只有1个，多的达3个，多于3个"保姆"的"家庭"是罕见的。这些"保姆"或者是这个"家"的孩子，或者是根本没有血缘关系的其他个体。它们帮助"主人"保护领地、看护幼雏，有时也帮助"主人"建巢，甚至帮助"主人"交配。

33

猴肉干

食猿雕，天上转，一见猴子好喜欢。

俯冲下来啄猴子，啄瞎猴子一双眼。

猴子撕成小块吞，好像在吃猴肉干。

食猿雕，又名菲律宾鹰，其主要猎物是各种树栖动物。在啄食猴子时十分凶残，故有食猿雕、食猴鹰之称。食猿雕属于大型鹰类，体态强健，相貌凶狠，遇敌害或猎物时冠羽会立即竖起成半圆形。冠羽高耸，面目古怪，显露出一副"鹰中之虎"的凶狠相。食猿鹰能在高空搏击翱翔，随时抓获猎物，啄瞎猎物眼睛，并撕成碎块充饥。

娃娃是你送的吗

白鹳屋顶安个家，

屋里阿姨生娃娃。

娃娃是你送的吗？

白鹳摇头不说话。

　　在欧洲，人们把白鹳鸟称为送子鸟。相传，白鹳鸟落到谁家屋顶造巢，谁家就会喜得贵子，幸福美满。因此，在欧洲乡村，你经常能看到住家的屋顶烟囱上搭着一个平台，那是专为白鹳鸟准备的。白鹳建巢跟房舍主人家生育子女有什么关系呢？严格地说，两者之间并无必然联系，只不过是在主人家有人怀孕时，烧火取暖的时间比一般人家长，而白鹳喜欢温暖，容易选择这家的烟囱口造巢。也就是说，女主人怀孕招来了白鹳，而不是白鹳来给女主人"送子"。

外号

胡兀鹫，黑毛毛，
络腮胡，脸上飘。
叫它刮，它不听，
起个外号胡子雕。

胡兀鹫，即人们常说的胡子雕。它们看上去像长着一脸"络腮胡须"，胡子雕的绰号由此而来。

邻里关系要搞好

鸟搬家，先侦察，

邻居多，才搬家。

邻里关系要搞好，

帮忙照看我娃娃。

你知道吗？许多鸟类在筑巢前都有先观察邻居的习惯。森林中一些鸟类繁盛的地区，会成为外来鸟儿筑巢的首选地点。为什么呢？因为这些后来者明显认为这些地区有利于传宗接代。筑巢地点的好坏可能决定鸟的后代兴衰呢。

娃娃好孤单

黑鸢娃娃住树巅，
不和朋友一起玩。
经常一个飞出去，
没有朋友好孤单。

黑鸢栖息于开阔的平原、草地、荒原和低山丘陵地带，也常在城郊、村庄、田野、港湾、湖泊上空活动。常单独在高空飞翔。鸣声十分尖锐。性情机警。以小鸟、鼠类、蛇、蛙、野兔、鱼、蜥蜴和昆虫等动物性食物为食，偶尔也吃家禽和腐尸。

狼吞虎咽

珍珠树叶好味道，
飞来一群麝雉鸟。
狼吞虎咽吃下去，
不讲礼仪多不好。

麝雉的食谱很简单，它们特别喜欢吃珍珠树上的树叶。黎明前和午后是它们进食的时候。进食之前，麝雉会慢条斯理地在树林中转来转去，一旦发现了一串中意的树叶，它们便用嘴将树叶从树上全部捋下来，狼吞虎咽地吃下肚去，一点也不讲礼仪。吃到惬意时，它们还会又跳又哼，发出的声音活像一只呼吸有问题的粗嗓门鹅。

吃蜗牛

蜗牛鸢，吃蜗牛，

抓住蜗牛不下手。

不下手，又不走，

等到蜗牛伸出头。

尖嘴刺中蜗牛肉，

蜗牛味道真可口。

　　有一种分布在美国佛罗里达州以及南美洲地区的鸢，叫作蜗牛鸢。这种鸢专以蜗牛为食，取食方法独特有趣。当蜗牛鸢拾到一只蜗牛时，它并不急于行动。它用爪握住蜗牛壳，静静地耐心等待。当蜗牛认为万事大吉，身体缓慢伸出壳时，蜗牛鸢使用尖利的嘴准确地刺中蜗牛的肉身，两分钟后，蜗牛便瘫痪了。然后，蜗牛鸢摇动硬壳，甩出蜗牛的肉身。这时，它们才迫不及待地吞下蜗牛肉，连蜗牛封闭硬壳的角质化厣也一同吞下去。

休息

绿雉出门找粮食，
中午一到就休息。
睡到傍晚又去找，
吃饱回家睡觉去。

　　绿雉，又叫日本雉，长得很漂亮。雄雉的羽毛灿烂夺目，特别是那长长的尾羽，常常被古代的武将用作头盔上的装饰。每当拂晓晨曦时，在树林灌木丛和草地上，绿雉便开始了一天的生活。它们往来觅食掘土，边走边叫，使寂静的山林变得热闹起来。谷物、浆果、种子和昆虫，是绿雉的主要食物。中午来临，绿雉就躲进灌木或草丛中，安静地休息。这时候，如果稍有"风吹草动"，便惊醒地跃起。待到日落时分，绿雉又跳出草丛灌木林，觅食又开始了。直到暮色茫茫的时候，绿雉结群在枝繁叶茂的树上，安闲地睡去。

41

长尾冠军

小鸟儿，聚操场，
比比谁的尾巴长。
黄腹角雉走上台，
长尾冠军该它当。

我国鸟类中尾羽最长的鸟是什么鸟？当然是雄性黄腹角雉鸟。它的尾羽，最长者可达140厘米呢。

吸花蜜

蜂鸟舌头长又细，
伸进花朵吸花蜜。
好像我们喝汽水，
一根吸管衔嘴里。

蜂鸟的嘴又尖又细，相对很长，很容易插入花中采食。有一种剑嘴蜂鸟，它的头和身体加在一起，还赶不上它的嘴长。如果人嘴的长度在身体中占的比例跟蜂鸟一样，那么，我们就可以不移动身体而吃到两米以外的食物。蜂鸟的舌头要比嘴还长4~5倍。它们的舌呈管状，像我们喝汽水时用的吸管。当它们悬停在花朵前，把嘴插进花朵时，舌头便从嘴中伸出。它们长长的舌头可以一直伸到花基部的蜜腺上，然后像喝汽水一样吸取花蜜。

不让敌人伤娃娃

黄腹角雉生娃娃，
趴在窝里不离家。
敌人来了和它斗，
不让敌人伤娃娃。

黄腹角雉恋窝的习性令人啧啧称奇。曾经有人在它孵卵期间爬到树上拉它的翅膀，黄腹角雉并不逃去，而是紧紧护住它的卵，用嘴拼命地啄击并发出像猫叫一样的恐吓声。这种习性可以驱逐一些不太凶猛的动物，但若遇到猛禽和猛兽，反而害了自身的性命。有人曾亲眼看到一种小型食肉兽——青鼬，偷偷地爬上了树，朝着孵蛋的黄腹角雉扑去，也遇到过豹猫将雌鸟和蛋捕食的场面。

钻进洞子生娃娃

双角犀鸟好妈妈，
钻进洞子生娃娃。
待在洞里两个月，
从来不到外面耍。

双角犀鸟栖息于常绿阔叶林中，最大的特征是有一个巨大的暖和盔突，让人觉得此鸟头重脚轻；筑巢于大树洞中，雌鸟入洞孵卵后，洞口即被雄鸟用湿土、果实残渣等封闭，仅留一个小孔由雄鸟喂食直至雏鸟孵出，雌鸟破洞而出，再次把洞口封闭，等幼鸟长成能出洞飞行为止。一般要被"禁锢"两个月左右，从而达到保护雏鸟的目的。

45

过通道

小黄蜂，有礼貌，
主动谦让过通道。
黄蜂叼食要进去，
出门黄蜂就让道。
爬到通道壁上去，
双行道变单行道。

在人类生活中，大家文明礼貌，互谦互让，团结友爱，这是习以为常的事，因为人是有感情的高等动物。然而，在自然界的动物王国中，许多动物似乎也有这种感情。科学家曾经做过一个有趣的实验：将一个黄蜂巢放在一个特制的盒子里，盒子的一面用玻璃做成，使人能观察到黄蜂的行动；盒子的另一面敞开，像开了一扇门，让黄蜂进出。实验人员发现，黄蜂们进进出出，秩序井然，就像严格遵守着靠右行的交通规则一样，从不发生碰撞和抢道而引起骚乱。于是，实验人员又把盒子的通道缩小，只容许两只空身的黄蜂往返通过。这一下，黄蜂们也许就会互相碰撞，乱作一团了吧？可是，奇怪的是，黄蜂们仍旧很有"纪律"。那些空身出巢的黄蜂，把通道主动地让给了口叼食物、满载而归的黄蜂。而出巢的黄蜂却爬到通道的竖壁上，使双行道变成了单行道。

宝宝真狡猾

杜鹃宝宝真狡猾，
养母辛苦来孵它。
一出生，就使坏，
其他鸟蛋扔地下。
养母只养它一个，
它的饭量实在大。

杜鹃不会自己筑巢。它会来到像知更鸟、刺嘴莺等那些比它小的鸟类的巢中，移走原来的那窝蛋中的一个，用自己的蛋来取而代之。相对于它的体形来说，它的蛋是偏小的，而且蛋上的斑纹同它混入的其他鸟的蛋也非常相似，所以不易被分辨出来。如果不是这样，它的蛋肯定会被扔出去。杜鹃的鸟蛋比其他鸟蛋早孵化。幼鸟出来后，会立刻把其他的蛋扔出巢外。它之所以这样做，是因为它不久就会长得很大，需要吃光养母所能找到的全部食物。它需要的食物相当于3只～4只其养母亲生的幼鸟本来需要进食的总量。

不是好妈妈

杜鹃鸟，不安家，
没有地方孵娃娃。
偷偷溜进别人家，
把蛋放好就跑啦。
别的鸟儿帮它孵，
不是一个好妈妈。

春季播种期间，几乎昼夜都能听到一种洪亮而多少有点凄凉的叫声——"布谷—布谷"或者"割谷割谷—割谷割谷"。这就是杜鹃。前者叫大杜鹃，后者叫四声杜鹃。杜鹃也叫布谷鸟。它的繁殖方式很特殊，它自己不筑窝，而把卵偷偷地放在别的鸟的巢中，让别的鸟孵卵，并抚育雏鸟。这样不负责的父母真是天下少有。生物学家把杜鹃这种特点叫作窠寄生。

啥也不害怕

榛鸡妈妈生娃娃，我到窝边看看她。
鸡妈妈，不理我，摸她她也不离家。
为了保护鸡娃娃，妈妈啥也不害怕。

　　东北北部和中部，常年留居着一种叫榛
鸡的鸟。雌鸡孵卵坐巢时一动不动，它的羽
色与所栖环境混为一体，很难被发现。它的
行动很机警，离巢和回巢都非常小心。雌鸡
的护巢能力很强，只要它在巢中坐稳，不但
有人站在巢边时，它置若罔闻视而不见，就
是用手去捉弄它的身体，也不会轻易离巢，
像这样在孵卵期不惧怕人的情况，在鸟
类中是独一无二的。

选美赛

八千鸟儿上台去，
只有锦鸡最美丽。
美在一身花毛衣，
选美比赛得第一。

世界上8000多种鸟中，最美的要算是红腹锦鸡和白腹锦鸡了。在这两种鸡的身上，汇集着八九种鲜艳夺目的彩色羽毛，在阳光照射下，反射出绚丽的光彩，是任何鸟无法比拟的。这两种锦鸡的羽色美丽，早已驰名全球，中外人士均视为珍禽，深受喜爱。早在18世纪时，欧洲就已从我国引进红腹锦鸡，并成为极受欢迎的观赏鸟。

茶花几朵

茶花开，有几朵？

红原鸡，告诉我：

"茶花两——朵。"

"茶花两——朵。"

红原鸡是家鸡的祖先。家鸡的各个品种都是由红原鸡驯化培育而来。红原鸡生活在山区森林、竹林、灌丛、草坡。繁殖季节雄鸟会发出"遏、遏、遏——遏"的叫声。与雄家鸡报晓的叫声相似，但最后一音短而突然停止，一听好似"茶花两朵"，在云南民间被叫作"茶花鸡"。

冬天睡大觉

白胸秧鸡真好笑，
冬天也要睡大觉。
一觉睡到春天到，
钻出洞子到处跑。

鸟类中的个别种类如白胸秧鸡也有冬眠现象。初冬季节就要到了，天气逐渐变冷，胖乎乎的秧鸡个个急于选择干燥的石洞或泥洞，钻到里面冬眠了。秧鸡在洞里不吃不动，或很少活动，呼吸次数减少，血液循环减慢，新陈代谢减弱，尽可能减少消耗体内的营养物质，凭借贮存的脂肪来维持生命。春天来了，秧鸡在洞中逐渐苏醒，它慢慢地走出来吞吃大量食物以强壮身体。

隐身术

敌人后面追雪鸡，
雪鸡跑得喘粗气。
赶快使用隐身术，
一下卧倒趴在地。
隐身术，真管用，
敌人来了像瞎子。

"淡腹雪鸡"又叫雪鸡、藏雪鸡、西藏雪雷鸟和恐姆（藏名）。雪鸡的翅膀虽然生长得很健壮，但很少长距离飞翔，遇危险时多以快速奔跑逃避。一旦躲闪不及，便施展"隐身术"，趴在原地不动，借助它的羽色与岩石色调相近似的有利条件，避开敌害的视线，求得生存。只有在万不得已的情况下，才急速鼓翼飞逃。

说鸟语

白腹锦鸡在一起，
七嘴八舌说鸟语：
要交朋友"嚓、嘎、嘎"，
加强联系"嘘、嘘、嘘"。
妈妈找娃"果、果、果"，
娃娃找妈"叽、叽、叽"。
发现危险就"袭——呀"，
听到报警快逃去。

　　白腹锦鸡是留鸟。繁殖季节雄鸟占据一块山地，禁止别的雄鸟进入，雄鸟有时为争夺地盘打斗。经常发出"嚓、嘎、嘎"的啼叫，吸引雌鸟前来交配。交配后雌鸟独自在森林中隐蔽处地面做窝产卵，孵化育雏。叫声有多种变化，彼此联系时发出"嘘、嘘、嘘"的叫声；发觉有危险会发出尖锐的"袭——呀"报警声。雌鸟寻找小鸟时常有"果、果、果"的叫声，小鸟找妈妈也会发出"叽、叽、叽"的叫声。

说大话

琵嘴鸭，叫嘎嘎，
它说它会弹琵琶。
叫它上台去演奏，
羞得嘴巴伸泥下。

琵嘴鸭嘴形奇特，先端膨大呈琵琶状，生活在池塘、水库、稻田、沼泽、海湾。经常在浅水处用琵琶形嘴挖掘淤泥中的食物，或从水中滤食，如小型软体动物，植物的根、茎、种子。

看家狗

珍珠鸡，去放哨，
陌生人来发警报。
好像一条看家狗，
看见小偷就赶跑。

珍珠鸡大约有7种～10种。吐绶
鸡是珍珠鸡中的一种，俗称火鸡，
是常见的饲养鸡。由于一有动静，
它就会发出叫声，所以还可以充当
农场的"看家狗"。

睁只眼来闭只眼

绿头鸭，睡大觉，

担心敌人要来到。

没人放哨怎么办？

想个办法可真妙：

睁只眼来闭只眼，

敌人来了好逃跑。

　　绿头鸭具有控制大脑部分保持睡眠、部分保持清醒状态的习性。换句话说，绿头鸭在睡眠中可睁一只眼闭一只眼。绿头鸭等鸟类所具备的半睡半醒习性，可帮助它们在危险的环境中逃脱其他动物的捕食。处在鸭群最边上的绿头鸭，在睡眠过程中可使朝向鸭群外侧的一只眼睛保持睁开状态，这种状态的持续时间，也会随周围危险性的上升而增加。

脖子围条红毛巾

赤颈鸭，真怕冷，
脖子围条红毛巾。
东北地区是老家，
在家过冬可不行。
南方过冬才温暖，
大家关照一路行。

赤颈鸭生活在江河、湖泊、水库、海湾。用扁平带梳齿状的嘴从水中滤取食物，如水生植物、软体动物。赤颈鸭是候鸟。在东北地区繁殖，在中国中部、南部和东部地区越冬。越冬时白天在开阔的水域和其他野鸭混群，在水面漂浮休息。傍晚到近岸的浅水区寻觅食物。雄鸭发出的叫声类似吹口哨的"啾、啾"声，和其他鸭类的"嘎、嘎"声大不相同。

羽绒厂

野生绒鸭当厂长，
开了一家羽绒厂。
羽绒被，铺床上，
又暖和，又漂亮。

野生绒鸭身上的绒毛柔和细软、手感极好，是羽绒中难得的珍品。每逢垒窝筑巢期到来的时候，绒鸭总会情不自禁用嘴将胸部和腹部的优质绒毛拔下来，用来精心铺垫它们的爱巢。人们对它们采取一种友好、保护的积极态度，每年总不会忘记在绒鸭筑巢之前为它们准备场地，并将猎杀绒鸭和偷吃鸭卵的狐狸和猛禽消灭干净，甚至连狗也被禁止进入绒鸭栖息的岛屿。这样，等到雏鸭即将孵化出来之前，也就是绒毛尚未被刚出壳的鸭污染之前，人们就开始收获鸭绒了。对于巢中只剩下为数不多的绒毛，雌绒鸭绝不会气急败坏，它们会找来一些干燥的水藻将鸟巢重新铺垫舒适，或者再从自己的身上拔下些绒毛来。

布置洞房

秋沙鸭，要结婚，
布置洞房伤脑筋。
找个树洞当新家，
飞上飞下忙不停。

　　人们往往用鸭子做比喻形容"笨拙"。但就这样一只笨头笨脑的家伙，居然能选择在树洞中做巢，灵巧地飞上飞下，稳稳当当地停在树上。不过，它不是一般的野鸭，而是"秋沙鸭"。中华秋沙鸭"恋爱"订下"婚姻"后，选一适宜的树洞，"夫妻"共同布置"洞房"。这时雄鸭很机警，它匆忙地出入几个树洞，布下"迷魂阵"，使它们的敌害一时弄不清究竟哪个树洞才是它们真正的巢，借以保护"家庭"的安全。

划船

天鹅娃娃去划船，

自带船桨和白帆。

悠然自得水上游，

船不透水真安全。

天鹅也叫鹄，是一种鸟。天鹅的游泳本领来自于它的羽毛和脚上的蹼。天鹅体内有很多脂肪，尾部有能提供油脂的尾脂腺。在身体的表面覆盖着一层厚厚的不易透水的羽毛。天鹅经常用嘴梳理这些羽毛，同时将尾脂腺分泌出来和油脂擦涂在羽毛上，使羽毛不易被水打湿。羽毛产生了较大的浮力，再加上像桨一样的蹼不断地划水，天鹅就可以悠然自得地在水面畅游了。

我爱你来你爱我

雄天鹅，雌天鹅，

成双成对过生活。

一起觅食多恩爱，

一起游戏多快乐。

相互关照不分离，

我爱你来你爱我。

在我国一千多种鸟类中，雌雄间结成终身伴侣的只有天鹅，它们不仅在繁殖期成双成对，相互恩爱非常，就是在其他时间，也一起觅食、休息、戏水，即使在迁徙途中，也前后照应从不分离。一旦有一只不幸死去，另一只宁肯单独生活一辈子，也不再另选佳偶，真称得上是忠贞伴侣。

摇扇子

孔雀哥哥真有趣，摇着一把大扇子。

大扇子，金光闪，孔雀哥哥笑眯眯：

"姑娘们，快快来，我是一个好小子。"

为什么孔雀要开屏呢？在繁育季节，雄性孔雀为了向雌性孔雀进行炫耀，以求得配偶，常常把尾羽展开。应该说，这是它的一种本能和习性。因为孔雀开屏是雄孔雀求偶的一种表示，所以很难碰到。孔雀开屏时，不停地走来走去，并用力抖动着尾屏，发出"唰、唰"响声，五光十色的眼状斑，在阳光的照射下，反射出耀眼夺目的光辉，非常好看。

画眼睛

孔雀阿姨真聪明，
尾巴上面画眼睛。
太阳一照金光闪，
左看右看看不清。
把画拿给老鹰看，
吓退老鹰转过身。

生活在墨西哥和一些南美国家的一种大型孔雀，必要时可在自己漂亮的尾羽上呈现一对大大的黑斑，其形态酷似人的一双眼睛，这是为何？它有什么作用呢？这是一种伪装的眼睛，其作用是保护孔雀不受猛禽、首先是老鹰的伤害。当猛禽出现时，孔雀羽毛的黑斑由于体内一系列生化反应而开始闪烁金黄色的光芒。许多猛禽都害怕这种黄色，这会使它们眼花缭乱。在这种情况下，老鹰及其他猛禽多数都会放弃对它进行攻击。

上门医生

啄木鸟，当医生，
天天看病送上门。
病树木，敲个洞，
捉出害虫肚里吞。
树木身体长得棒，
一个一个成寿星。

行走在茂密的树林中，经常会听到"梆梆、梆梆"连续敲打树干的清脆声响，这是啄木鸟在为树木做"身体检查"。你看它工作是那样认真负责，从不放过一棵病树，它的两只脚紧紧抓住树干，硬挺挺的尾巴支撑着身躯，笔直坚硬的嘴不停地啄木，它围绕着树木从下到上旋转着敲打，从这棵树又飞到另一棵，它那细心的态度，真像一名有经验的医生。只要听到那里的声音有些异样，便知道树的病因就在这里，于是，立即施行"外科手术"，一顿猛敲，将患处敲成一个小洞，把隐藏在树皮底下的害虫，一下子提出来吃掉，使大树很快痊愈，继续茁壮成长。因此，啄木鸟得到了个"森林医生"的美称。

打架

鹤鸵戴顶帽，脾气可不好。

老是爱打架，改也改不了。

你要敢杀人，抓你去坐牢。

鹤鸵的头顶有高高的角质冠，耳下两条鲜红的肉垂挂在蓝脖子上，头和颈大部分裸露。它凶猛好斗，脾气急躁，故有"食火鸡"之称。有时，人们因受它的攻击而失去手或腿甚至丧命，故又有"杀人鸟"之称。

灭火英雄

沙利特鸟去排队，报名参加灭火队。

哪里有火哪里飞，不坐汽车不带水。

口吐唾沫灭大火，给它一个大奖杯。

在中美洲的尼加拉瓜有一种小鸟，名叫"沙利特"，人们叫它"灭火鸟"。它浑身乌暗，脖颈很长，肚子长得像个大瓶子，里面贮满了液体，而这种液体竟是一种很好的灭火材料。它们对火光极其敏感，平时聚集在海边沙滩上捕食鱼虾，只要一发现有地方起火，就会高声鸣叫，并互相通知聚集在一起，然后迅速飞往火场，从嘴里吐出"灭火剂"，把火扑灭。因而，它们成了消防队员的好朋友。

气象师

恰乐卡达鸟，

要当气象师。

张嘴叫啊叫，

马上有风雨；

叫声很刺耳，

一定是暴雨；

叫声很缓和，

太阳笑眯眯。

危地马拉密林里有一种鸟叫"恰乐卡达鸟"。它能预测天气变化：猛烈狂叫时风雨来临；叫声刺耳时，暴雨倾盆；叫声缓和时，风和日丽。根据它的强弱不同的叫声，人们便知未来天气的变化，所以就叫它"气象鸟"。

打老狼

司本达鸟防小偷，
朝着老狼弹石头。
石头打在狼身上，
老狼吓得浑身抖。

在非洲的布隆迪，有一种小鸟叫"司本达"，它的看家本领不亚于狗。当地居民为了防止狼偷吃禽畜，每家都养有这种鸟。它的嘴特别大，目光锐利，嗅觉灵敏，特别讨厌狼身上的一种气味。它一旦发现狼的踪迹，就用那富有弹力的舌头把100克～150克重的石块迅速弹到40米～50米以外的地方，速度就像刚出膛的子弹，而且还会非常准确地击在狼身上，将狼吓跑。人称"打狼鸟"或"保安鸟"。

送鲜奶

送奶鸟，进村庄，
送鲜奶，白又香。
喂宝宝，宝宝乐，
宝宝长得白又胖。

美洲玻利维亚的森林中，栖息着一种奇特的鸟，腹下都长着一个奶囊，可是它们并不是哺乳动物，根本不用乳汁喂养自己的"子女"。它们经常飞到村里，让人们慢慢地挤出乳汁。由于这种乳汁营养价值很高，当地人们就用它来哺育婴儿，并称它为"送奶鸟"。

驱蛔虫

鹧鸪肚子痛，

肚里有蛔虫。

找点草药吃，

"打"出小虫虫。

鸟儿也常得寄生虫病。鹧鸪肚子里有了"蛔虫"，就找些松叶、杉叶和落叶松的树脂吃。这些"草药"里都含有丰富的香料和草宁酸，既能诱发小虫的食欲，又能把小虫麻醉后"打"出来，达到驱虫的效果。

语言博士

鹦鹉上学很勤奋，
小学读到博士生。
出访美国和欧洲，
一名翻译也不请。

美国一位鸟类学家驯养的一只鹦鹉，会讲10种"语言"，它能用汉语说"热烈欢迎"，用英、法、德、西班牙、意大利、俄语说"您好"及"晚安"，用阿拉伯语说"真主保佑"，被人们称为鸟中的"语言博士"。

报时

你家没时钟，
请你别着急。
我到你家来，
免费来报时。
每隔半小时，
我就报一次。

在中美洲危地马拉地带，有一种叫
"第纳鸟"的小鸟，小鸟每隔半小时就发
出一种类似钟声的悦耳的叫声，就像一架
"活时钟"，它报时的误差竟在15秒钟以
内。当地人称它"啼纳鸟"。

建公寓

你衔草，我衔泥，
厦鸟一起建公寓。
编织房屋几百间，
住进对对鸟夫妻。

在新疆的阿尔金山有一种厦鸟，会在芦荟、洋槐和别的植物的茎干上，建成高3米，长7米，内部结构精细的"公寓"。厦鸟是一种大小与麻雀相仿的小鸟。建设这一"大工程"时，许多厦鸟一齐出动，纷纷衔来不足30厘米长的草茎，抛在树顶上，然后用湿泥糊成伞状。泥巴干结后就成了"公寓"的防水屋顶。屋顶搭好后，建巢"工匠"们就在屋顶下编织各自的小房间——圆形的巢。有时候，一个屋顶下建起了几百间这样的小房间，可以同时住上几百对厦鸟夫妻。

长嘴巴

啄木鸟，很得意：

"我的长嘴谁能比？"

一天碰上巨嘴鸟，

羞得真想钻下地：

"哎呀哎呀我的妈，

它的长嘴才第一。"

　　有的人见过啄木鸟，觉得它的嘴很大。其实啄木鸟的嘴与巨嘴鸟的嘴比起来，简直是小巫见大巫。巨嘴鸟栖息在南美洲亚马逊河口一带，体长70多厘米，长着一张大嘴，长20厘米左右，又粗又壮，占了体长的1/3，真是名副其实了。它的嘴的构造很特别，中间布满了海绵般的空隙，储藏了空气。看起来像沉甸甸的，实际上却很轻。

写字

大雁蓝天写大字，

写了"人"字写"一"字。

它嫌字儿没写好，

没有留下一个字。

大雁是候鸟，一到秋冬季节，它们就从寒冷的北方出发，成群结队，飞往我国温暖的南方过冬。当大雁从我们头顶飞过时，我们总是为美丽而整齐的雁阵而赞叹。那一会儿飞"人"字，一会儿飞"一"字的队形往往令人着迷。雁群能巧妙地根据高空中气流的变化调整其队形，借助气流所产生的浮力节省力气。当气流与雁群行进方向一致时，雁阵就变化成了"人"字，前尖后宽的形状像颗子弹头，前进阻力大大减少；当气流来自侧翼时，雁阵就变化成了"一"字，大雁们横向连着的翅膀仿佛成了一根灵动的飘带，自然形成浮力。

吃果实

巨嘴鸟，吃果实，
啄下果实叼嘴里。
仰脖子，往上抛，
果实抛到半空里。
张开嘴，等果实，
果实掉进喉咙里。

巨嘴鸟以植物果实为主食，还吃昆虫和幼鸟。它用嘴啄下果实一小块后，仰起脖子，把食物向上一抛，再张开大嘴，食物一下子就掉进喉咙里，不必经过那长长的大嘴巴了。

一个不少到南边

领头雁，飞向前，

不怕翅膀软又酸。

不掉队，不分散，

一个不少到南边。

在雁阵中，领头雁是非常富有牺牲精神的。飞行中，这位"领导者"所产生的气流，给追随它的后来者提供了很大的方便，而唯独它不能得到团体运作所形成的好处。它是最容易疲倦的。当它疲倦时，它会自行退下来，由另一只雁来接任其工作。飞行中的雁群，领头和殿后的，总是这一群体中的强者，而弱小者总是处在中间受保护的位置。行进中，飞在最后的两只雁总是发出有节律的"呀、呀"啼叫声，不断地与前面的同伴保持联系，将整个队伍的飞行情况及时反馈给头雁，以调整速度，不至于让那些弱小者掉队。

爸爸孵娃娃

营冢鸟，筑个家，

尽职尽责当爸爸。

妈妈出门离开家，

爸爸亲自孵娃娃。

澳大利亚有一种营冢鸟，很会利用当地的天然条件来孵卵。秋天，在雌鸟临产前半年，雄鸟便开始将腐叶、草与泥堆成土层，变成堆肥。到了春天，雄鸟会不断地用爪耙翻土堆，使土堆内温度不致过高。当土堆温度大致保持在33℃时，雄鸟便挖出一个底大口小的垂直深窝。随后，雌鸟断断续续往窝内产下7枚～10枚蛋。产完蛋后，雌鸟便扬长而去，并且从此再不回来。接下来孵化任务便落到了当"爸爸"的身上。雄鸟必须不断地往窝内盖土或去土，使窝内的温度既不太高，也不过低，始终维持在正常的范围内。令人惊讶的是，窝内温度的误差竟不会超过1℃。

执勤

红胸鸲，当军人，

领土上空来执勤。

其他鸟儿飞来了，

赶快把它驱出门。

"谁敢侵犯我领土，

我的尖嘴不认人！"

红胸鸲，又名知更鸟，是英国的国鸟。红胸鸲有一种不容侵犯的性格。它对自己的领地"疆土"能奋力保卫，雄鸟在它所建的疆界内不停地巡嚓，并发出阵阵悦耳的歌声，以表示主权不容侵犯。当雄鸟在本区域内听到其他鸟的声音时，就立即前往驱赶来犯的鸟类。这种不容侵犯的性格和极为独特的自卫精神，被英国人用以象征它们的民族精神。当年英国通过公民投票选举国鸟，红胸鸲一举夺魁，高居榜首，荣登国鸟宝座。

南美
麝雉鸟

南美麝雉鸟，有趣又好笑。

飞呀飞不远，爬树爬得高。

下水能游泳，喜欢蹦蹦跳。

青蛙看见了，一定哈哈笑。

　　有些鸟儿至今还保留着祖先爬行动物的痕迹，其中最典型的代表是南美洲的麝雉。人们称它为今天地球上生活着的"最卓越、最有趣的鸟"。麝雉能够用爪形翼和脚来游泳和爬行，像爬行动物那样爬树。它善于游泳和潜水，青蛙所能做的动作，麝雉也都会。麝雉常在灌木丛中跳来跳去，模样很笨拙，飞行也不成样子。飞行距离很少超过90米，而且每次飞行都必然以撞地而结束。

要给姑娘跳舞蹈

岩伞鸟，头戴帽，
要给姑娘跳舞蹈。
拍翅膀，尾巴翘，
姑娘看了尖声叫。

南美洲的伞鸟有90种。岩伞鸟是伞鸟中最美的一种，头戴羽冠，身披金黄色的羽衣。在绿色的森林衬托下，一只雄鸟就像一团明亮的火。一位博物学家称飞行中的岩伞鸟为"燃烧着的彗星"。雌雄鸟平时单独活动，繁殖季节，雄鸟在林中空地上舞蹈，时而翘起展开的尾巴，时而又把它放下，同时拍打着展开的翅膀，雌鸟看了发出一声表示赞扬的尖叫。

金刚铲

食火鸡，硬鸡冠，
好像一把金刚铲。
金刚铲，找食物，
不用拿在手里面。

食火鸡生活在澳大利亚和西太平洋中的新几内亚岛。它们不会飞，但跑起来很快。它们常常用坚硬的骨质鸡冠，像铲子一样去寻找食物。它们还有一对又长又尖的爪子，是抵御敌人的有力武器。

滑雪冠军

脚蹬滑雪杖，
企鹅下山岗。
冰上赛滑雪，
金牌挂胸膛。

企鹅分布限于南半球，是南极特有的鸟类，企鹅是一种善于游泳和潜水的海鸟，双翅已经退化，变得短小、扁平，恰像划船用的双桨，不能飞翔而适于游泳。它身体肥胖，皮下长着厚厚的一层脂肪，体表覆盖着浓密油光的羽毛，好像披上了一件皮大衣，难怪它能抵御摄氏零下100多度的低温。企鹅在陆地上行走时身体直立，左右摇摆，行动缓慢，但遇警时可将腹部贴地，蹬起作为"滑雪杖"的双脚，能以每小时30千米的速度滑行，可称得上动物界的"滑雪冠军"。

头发乱糟糟

鸸鹋样子像鸵鸟，

不会飞来只会跑。

大家都不喜欢它，

说它头发乱糟糟。

　　鸸鹋是澳大利亚的国鸟，主要生活在澳大利亚的草原和沙漠地区。它的体形和鸵鸟相似，身高约1.5米，头上的羽毛乱七八糟。鸸鹋主要吃植物，和鸵鸟一样，它的翅膀退化了，不会飞，但善于奔跑。

乒乓球儿随身带

大凤冠雉一大怪，乒乓球儿随身带。

你要借来玩一玩，它把脑袋摆又摆。

乒乓球儿不是球，黄色鼻子真可爱。

大凤冠雉生活在中美洲、南美洲以及墨西哥，喜欢在树上栖居。它们可以说是家鸡的远亲。乍看上去，雄雉嘴的上方似乎顶着一个黄色的乒乓球，其实这是它的鼻子。雄雉喜欢向雌雉展示那突起的球状鼻子和卷起的冠，博得它们的喜爱。

追蝗虫

灰椋鸟，喳喳叫，

贴着地面来飞跑。

吓得蝗虫满天飞，

灰椋鸟儿开口笑：

"蝗虫蝗虫你别跑，

到我肚里好不好？"

　　灰椋鸟是一种灭蝗益鸟。灰椋鸟常常是几只、十几只甚至更多的鸟在草地上一起觅食。灰椋鸟捕食时，常常是大批在前面贴着地面疾飞，将蝗虫惊飞，后面的灰椋鸟在空中将惊起的蝗虫吞入腹中。有时灰椋鸟较少，惊不起蝗虫，它们就活动在畜群周围，待牛羊惊起蝗虫后再实施突袭，将蝗虫吃掉。据测定，一只灰椋鸟每天可以吃掉120多只蝗虫，灰椋鸟吃饱后，还将剩余的蝗虫啄死。如果它的喙由于啄死的蝗虫太多而发黏，它们就会飞到水边洗净喙部，再继续啄死蝗虫。

潜水冠军

黑喉潜鸟水性好，

游泳潜水呱呱叫。

捉鱼潜水一分钟，

脸不红来心不跳。

黑喉潜鸟是著名的潜水冠军，它能潜入水中达一分钟以上。黑喉潜鸟像鸭子，但比鸭子大得多，身长可达70厘米。脚上有大蹼，善游泳和潜水。黑喉潜鸟喜欢吃鱼。

拜拜

鸳鸯谈恋爱，

相亲又相爱；

结婚就离婚，

分手说拜拜。

　　我国民间有一种说法，一对鸳鸯一生中永不分离，如果其中一只死去，另一只也绝不再选配偶。借以告诉人们对爱情应有忠贞的态度。所以，送给新婚夫妇一副鸳鸯图案以示祝贺，这是对它们美好幸福的祝愿。但是自然界中的鸳鸯并不像传说中的那样美好。鸳鸯只是在繁殖期，建立固定的配偶关系。从表面上看，亲密相处，形影不离，而实际上，产卵、孵化、育雏都是雌鸟单独承担。雄鸟自"结婚"以后，恰似"花花公子"一样，逍遥自在，各处游玩，把"家"里的事情，一股脑儿地都推给了雌鸟。另外，一旦有一方死去，另一方也不"守节"，会再行婚配。

办筵席

金丝燕，大厨师，

招待客人办筵席。

燕窝汤，端上来，

大家喝了补身子。

　　世界上可以入口的鸟窝，是金丝燕的"燕窝"。"燕窝"是一种补品。"燕窝"在筵席上是上等珍馐，以"燕窝汤"而闻名。"燕窝"是用特殊材料制成的，金丝燕喉部的黏液腺非常发达，能分泌出胶黏性的唾液，金丝燕一口口地把它堆集在陡峭的石壁上，做成一个大约深30毫米、内径50毫米的碗碟状半圆形的燕窝，小小的金丝燕一般体长才90毫米。对它来讲，要做这样大的一个窝，谈何容易，不知要花费多少辛苦和劳动才能完成。

小皮包

卷羽鹈鹕出门了，嘴下挂个小皮包。
大海里，找鱼儿，啄住鱼儿放皮包。
鱼儿带回娃娃吃，娃娃吃了身体好。

卷羽鹈鹕别名塘鹅、鹈鹕。嘴宽大，直长而尖，嘴的下面有一个与嘴等长且能伸缩的皮囊。成年鹈鹕一般配对生活。刚出蛋壳的小鹈鹕体色灰黑，不久就生出一身浅浅的白绒毛。亲鸟以半消化的鱼肉喂雏鸟，等雏鸟长大后，把头伸进亲鸟张开的嘴巴的皮囊里，啄食带回的小鱼。

捎粮食

小鹈鹕，去捕鱼，
空着爪子回家去。
捕的鱼，在哪里？
鹈鹕拍拍大肚子。
回到家，张开嘴，
娃娃钻进嘴里吃。

有些鹈鹕鸟的聚集繁殖地离它们的取食地很远。为了保证后代和自身有充足的食物，它们每天必须飞出五六十千米去捕鱼。这些鹈鹕并不用喉囊给幼雏带回食物，而是将鱼全部吞下。回到巢中时，它张开大嘴，让幼雏把嘴伸到它的食管中引起呕吐，幼雏就以双亲吐出的半消化的食糜为食。鹈鹕大嘴的长度相当于幼雏体长的5倍，有的幼雏干脆站在亲鸟的大嘴里吃食。鹈鹕常聚集在一起繁殖，有时还互相帮助喂养别的鹈鹕的幼雏。甚至有时几只鹈鹕为了喂养某一只幼雏而争执不下。

海盗

军舰鸟，不学好，跟着爸妈当海盗。

看见鲣鸟衔条鱼，半路就给拦劫了。

不劳而获可不行，小心长大要坐牢。

军舰鸟有对长而尖的翅膀，极善飞翔。它们能在高空翻转盘旋，也能飞速地直线俯冲。高超的飞行本领着实令人惊叹。军舰鸟正是凭借这身绝技，在空中袭击那些叼着鱼的其他海鸟。它们常凶猛地冲向目标，连鲣鸟这些近亲也不放过。使被攻击者吓得惊慌失措，丢下口中的鱼仓惶而逃。这时，军舰鸟马上急冲而下，凌空叼住正在下落的鱼，并马上吞吃下去。

小傻瓜

鲣鸟不怕人，
大家爱打它。
你打我也打，
打成小傻瓜。
鲣鸟不能打，
都要保护它。

　　傻瓜鲣鸟羽毛洁白，翅膀狭长，嘴圆锥形。它们既善游泳，又善飞翔。为什么起名叫傻瓜？据说原因很多，但被人们公认的大概不外乎两条：一是它们在陆地上行走时姿态十分笨拙，较鸭子有过之而无不及；其次，鲣鸟不怕人，当人走近时，它们连躲避的意思都没有，任人"信手拈来"。人们发现了这种鸟不怕人的习性，就用棍子随手打死红脚鲣鸟。红脚鲣鸟遭到大量捕杀。

清烟道

白鹮鸟，去上工，
一头钻进大烟囱。
钻进烟囱清烟道，
鸟儿尸体臭烘烘。
尸体运到哪儿去？
全部运进肚皮中。

在埃及，人们把白鹮当作能消除瘟疫、驱逐魔鬼的神来崇拜，把白鹮当作偶像，虔诚地供奉在神祇和寺庙中。实际上，白鹮并不神秘。白鹮的食谱十分庞杂，它们对动物的尸体很感兴趣。人们甚至经常见到，硕大的白鹮钻进烟囱里掏吃里边的死鸟尸体。它们是怎样找到尸体的呢？大多数人认为，鸟尸在烟囱中腐烂，招来很多腐食性昆虫，白鹮就是根据这些飞进飞出的昆虫找到死鸟的尸体。白鹮这种取食习性，实际上起到为人们清除烟道的作用。因此，白鹮在南非有烟道清理工的绰号。

下苦力

鸬鹚鸟，下苦力，
捕了鱼，不能吃，
辛辛苦苦干完活，
几条小鱼当工资。

在南方水乡，渔民外出捕鱼时常带上驯化好的鸬鹚，用它们捕鱼。鸬鹚整齐地站在船头，各自脖子上都被戴上一个脖套。当渔民发现鱼时，它们一声哨响，鸬鹚便纷纷跃入水中捕鱼。由于戴着脖套，鸬鹚捕到鱼却无法吞咽下去，它们只好叼着鱼返回船边。主人把鱼夺下后，鸬鹚又再次下潜去捕鱼。在遇到大鱼时，几只鸬鹚会合力捕捉。它们有的啄鱼眼，有的咬鱼尾，有的叼鱼鳍，配合得非常默契。待捕鱼结束后，主人摘下鸬鹚的脖套，把准备好的小鱼赏给它们吃。

捕鱼工具

鹗娃娃，去捕鱼，
带上一件好工具。
小爪里面有钢针，
好像老鹰抓小鸡。

鹗善于捕鱼。在捕鱼时，鹗在水面上低空盘旋，一旦发现水中的目标，它便俯冲下去，利爪直刺鱼身。鹗爪一旦触到鱼，就会自动收缩，脚趾腹面的角质刺像根根钢针，刺入鱼身，这样鱼便被牢牢抓住。然后，鹗凌空飞起，抓着鱼落到岸边，再慢慢撕食享用。

找石头

小企鹅，找石头，

叼起石头摇摇头。

安一个家可真难，

难得找到好石头。

　　阿德利企鹅的巢一般都是用岩礁海岸上遍布的卵石在地面上筑成的，而使用的每一块石头都是经过精心挑选的。观嚓阿德利企鹅造巢活动的鸟类学家形象地将它们比喻为"挑剔的家庭主妇"，因为它们挑选石头时实在是太挑剔了。它们经常是用嘴叼起一块石头，掂掂分量，而后抛到一边，接着再叼起一块，这样重复好几次，直到发现非常满意的石头。然后，它们用嘴叼着这块石头，摇摇摆摆地运到百米以外甚至更远的造巢地点去。有时，为了找到一块中意的石头，阿德利企鹅甚至会冒险闯入其他同类的领地，因此常常引起纠纷。

洞中取食

高高一棵树，
树上有个洞。
鹃隼飞树上，
把脚伸进洞。
掏出小猎物，
就往嘴里送。

鹃隼是分布在印度—马来西亚地区丛林中的一种鸢，它们取食的方法很有趣。它们可以用脚掏取藏在树洞中的动物。它们的脚如同猴子的"手"一样灵活。它们的脚踝，就是一般人们印象中鸟的"膝关节"，不仅可以向前弯曲，而且还可以向后弯曲，如同人的手腕那样。

鸟儿一见笑话

斑翅山鹑真好笑，
先产卵来后做巢。
鸟儿一见笑话它，
它说从小妈妈教。

在鸟类的繁殖季节，一对对伴侣忙碌着建造自己舒适的"家园"。一种叫斑翅山鹑的雉类，它别出心裁地先产卵后做巢，这在鸟类中还是非常少见的。斑翅山鹑进入繁殖期后，雌鸟先在灌木丛或草丛中选一隐蔽的巢址，用爪刨个土坑，把卵产在里面，趴在上面把卵暖干，用虚土将卵掩埋，再叼些干草覆在上面。每天产一卵，产到一定数量时，雌鸟就不再用土掩埋了，仍以干草掩盖，待最后一枚卵产下后，将巢内的所有干枝、枯草，均垫在卵下及巢的四周，这才开始孵卵。这些小型雉类鸟，对于敌害均无抵抗能力。它们有将卵产完后再进行孵化的习性，为了躲避敌害的视觉，它们采用把卵伪装起来的办法。这样，雌鸟到各处觅食而无后顾之忧了。

上学不说话

鸨鸟上学表现差，
老师问它不说话。
不是鸨鸟表现差，
鸨鸟娃娃是哑巴。

　　大鸨具有粗壮的腿和健壮的三个脚趾，在草原上行走迅速，能以每小时70千米的速度急驰，就连快马也很难追得上它。它总是默默无声地飞来跑去，从来没有人听到它的叫声。它不是不想鸣叫，而因为鸨鸟的鸣声器官已经退化了，根本不可能再发出声音来，难怪有人说它是哑巴，果真如此。

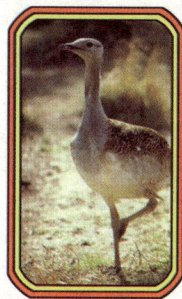

四季服装

雷鸟服装有四件，

春夏秋冬都要换。

为啥换得这样勤？

为了自己保安全。

　　绝大多数鸟类一年换两次羽毛，即一次冬羽和一次夏羽。雷鸟却不然，一年之中伴随着春夏秋冬季节，要换四次羽毛，是鸟类中换羽次数最多者。春天来了，雷鸟将白色冬羽立刻换上带有暗色横斑的棕黄色"春衣"，配上红色的眉纹，显得格外别致。盛夏来临，又换上一身栗褐色的羽衣。秋天，雷鸟急忙脱去了"夏装"，穿上具有黑色带斑和块斑的暗棕色"秋服"。冬天，雷鸟适时摇身一变，换了一身白色的"冬衣"，活动在雪地之中。雷鸟凭借一手高超的"隐身法"，使羽色与所栖息的环境巧妙地协调一致，避开敌害的视线，从而免遭杀身之祸。

芭蕾舞

极乐鸟，真辛苦，

天天要练芭蕾舞。

这么辛苦为了谁？

要为姑娘来演出。

极乐鸟身披美丽的羽饰主要是为了在繁殖季节里炫耀。每当繁殖季节来临，雄极乐鸟就选出一片林间空地，定期在空地上进行炫耀表演。表演时，它们先蓬起浑身的羽毛，然后，便在原地跳跃。跳到忘情时，它们还会像芭蕾舞演员一样，以一只脚为轴做大幅度的旋转动作。极乐鸟在旋转时，常常突然张开嘴，显示它们嘴内部的翠绿色。跟其他鸟一样，极乐鸟炫耀的目的主要是吸引雌鸟。有些极乐鸟每天不吃不喝地"表演"10个小时以上，真是辛苦异常。不过，这些表演是间歇性的，每表演一次后，雄极乐鸟都要绕着自己的领域巡视一圈，以防其他同性的入侵。

练口技

小琴鸟，出远门，
身背一张七弦琴。
七弦琴，弹不好，
改练口技出了名。
学人喊，学噪音，
上台表演受欢迎。

琴鸟是一种美丽的鸟。这种鸟羽饰华丽，炫耀时尾羽展开，很像七弦琴。最出奇的要算是雄琴鸟的发声本领。琴鸟的鸣叫声十分复杂，而它模仿声音的本领更是令人不可思议，它简直是一名出色的拟音师。雄琴鸟几乎可以模拟任何它听到的感兴趣的声音，如密林中其他鸟的叫声、人的高喊声、工厂的噪声、鹦鹉飞行时的扇翅声，甚至汽车的喇叭声。

捕蛇

秘书鸟，来跳跃，

叫蛇去玩蹦极跳。

叼起蛇，天上飞，

叼到半空就丢了。

小蛇掉到石头上，

呜呼一声摔死了。

　　非洲的秘书鸟（蛇鹫）擅长捕蛇。一条1.2米长的眼镜蛇爬向秘书鸟。秘书鸟发现蛇后，开始飘忽不定地移动脚步，同时频频扇动双翅，像一个步伐灵活的拳击手在迷惑对手。在跳动一段时间后，秘书鸟突然用爪抓住蛇，同时用嘴飞快地咬住了毒蛇头部的要害部位。蛇翻卷挣扎，而秘书鸟频频扇动双翅对抗蛇的扭动。最终，秘书鸟大获全胜，一条毒蛇葬身鸟腹。有时，蛇太大，不能一举使它毙命，秘书鸟便叼起蛇飞向天空，在高空中松开嘴，让蛇摔到坚硬的地面上一命呜呼。

装饰品

园丁鸟，出了门，
到处搜集装饰品。
装饰品，干啥用？
园丁鸟，笑盈盈：
"装饰我的大舞台，
跳舞一定吸引人。"

每当繁殖季节来临，雄园丁鸟静悄悄地在林中穿梭，选择地形，修建庭院和跳舞场。它先在场地上铺满细枝和嫩草，然后到各处搜集鲜艳夺目的物品，并将它们带回，陈列在跳舞场上。更有意思的是，雄园丁鸟尤其喜欢到住家附近搜寻那些被扔掉的彩色玻璃球或玻璃碎片、彩色绒线以及金属制品等。舞场装饰好后，雄园丁鸟开始不停地在舞场内跳舞，尽力展示自己鲜艳的羽饰和美妙的歌喉。有时，还不断地叼起各种漂亮的装饰品，举过头顶，给雌园丁鸟欣赏。

雷达天天带身边

油鸱本领不一般，
夜间飞行不用看。
不用看，不乱窜，
知道食物在哪边。
为啥不看也知道？
雷达天天带身边。

"带雷达的鸟"——油鸱能在漆黑的岩洞里飞行自如，是因为它们具有跟蝙蝠相似的回声定位的本领。在夜晚，油鸱飞行时发出尖利的叫声，叫声在山野间产生很大的回声，油鸱就是凭借这些回声来确定食物、同伴及障碍物的方位。如果将油鸱的耳道塞住，油鸱就只能在有光的条件下飞行，这跟蝙蝠是一样的。但跟蝙蝠不同的是，油鸱发出的声波在人耳能听到的范围内，而蝙蝠发出的超声波人耳是听不到的。

马拉松

金鸻是个运动员，

马拉松赛飞在前。

回过头，看一看，

其他鸟儿落后面。

　　金鸻是旅鸟，也就是说，它的繁殖地和越冬地均不在我国（在台湾可能是冬候鸟），只是在迁徙过程中，途经我国的很多省份。在我国出现的这一亚种金鸻，它的繁殖地在苏联的西伯利亚东北部和北美洲的阿拉斯加。秋天来临，天气逐渐变冷，它们开始南迁。迁徙路线分成两条，有一些是沿着我国海岸线飞行，另一些从繁殖地向南不停留地飞越茫茫大海，经过4000千米的长途跋涉，在美国的夏威夷群岛作暂短停留，填饱肚子后，还要继续往南飞，方可到达它的越冬地区。金鸻的这种不停歇地马拉松飞行，在鸟类中当推魁首。

父子对话

八哥放学回到家，
看见爸妈回家了。
八哥上前打招呼：
"欢迎""请进""您好"吗？
爸妈笑笑跟着说：
"欢迎""请进""您好"吗？

　　八哥全身黑色，翅膀各有两块白斑，飞翔时从下面看，宛如"八"字，故有"八哥"之称。八哥是一种性情很温顺的鸟，它的鸣声嘹亮，富于音韵，而且经过一定方法驯养后，可以学会简单的人类语言，如"欢迎""你好""再会""几点啦"等等。不仅如此，如果更下一番功夫训练，它还可以唱出动听的歌来！20世纪50年代初，在贵州省的黄平县，有一人养的八哥能唱《国歌》，当人们围在笼子旁时，八哥便慢慢腾腾地唱起来。有时它也闹脾气不肯唱，人一吓唬它，它急忙用快速唱起来，结果听起来不伦不类，使人发笑。

洗澡找蚂蚁

白头翁，要洗澡，
赶快去把蚂蚁找。
小蚂蚁，帮它洗，
寄生虫儿全吃掉。

鸟儿爱清洁，喜洗澡：一是在水边拍打着翅膀，淋水沐浴；二是站立在树枝上，用嘴拨弄着羽毛；三是在泥沙堆里扇动羽翅，擦洗身子。令人稀奇和不可思议的是，喜鹊、鹦鹉、乌鸦、白头翁等鸟儿，它们大多数喜欢雇佣蚂蚁等虫类，为自己洗澡。它们在洗澡时，往往找一处蚁穴扒开，引出一群蚂蚁，自己便将两脚叉开，张开羽翅，双目似合非闭，任蚂蚁爬入自己的羽翼里劳作。原来，鸟儿的羽翅里，寄生着若干不速之客——寄生虫，搞得鸟儿整天惴惴不安。蚂蚁不但会噬食虫类，消灭虫害，而且还会分泌出蚁酸，散发一种特殊的气味，将寄生虫驱赶出去。这样，鸟儿就感到非常轻松愉快了。

挑 虫

树雀好像啄木鸟，
爬在树上把虫找。
叼上一根小树枝，
伸进洞里把虫挑。

达尔文树雀是主要捕食树上昆虫的类群，它们嘴的大小也跟它们的采食对象的大小有关。六种树雀中，有一种比较特殊，它喜吃植物的芽苞和果实，相应地，它的嘴长得像鹦鹉的嘴。有一种大型树雀长得很像啄木鸟，能在树干上攀援，用啄木鸟样的凿状嘴从树皮下挖吃昆虫。可惜的是，它们没有啄木鸟那样的长舌头，不能用舌尖钩取树洞中的昆虫。但是，这种树雀能用嘴叼住一根仙人掌刺或小树枝，把刺或树枝插入洞中，把昆虫从洞中挑出来。这种树雀竟然能使用工具！

伯劳妹妹

伯劳妹妹张嘴巴，
老鹰哥哥也怕她。
怕她抓住要碎尸，
吃不完的树上挂。

伯劳虽属鸣禽鸟类，但它具有近似猛禽的凶狠狰狞、性情残暴的生活习性。

伯劳的个体不算大，它长着一张强壮的嘴，具有嗜食动物的习性，遇有良机，就立即起飞追捕，抓获后，将猎物撕碎吞食，或挂在附近的树枝上，事后慢慢食用。尤其是繁殖期更加凶猛，它们机警地在巢的附近巡视，即使是老鹰在它的巢区上空通过，也绝不允许，马上迎上前去将其赶走。一向凶猛的老鹰，到达时也知道侵犯了人家的领空，赶紧溜之大吉。

高 级 裁 缝

缝叶莺，真有趣，
香蕉树叶当布匹。
一针针，一线线，
不缝衣服缝房子。

在我国南部的山谷和平原中，生活着一种体态小巧、活泼可爱的小鸟，名叫"缝叶莺"。它以灵巧而高超的筑巢技术闻名于世。它是一种能够把树叶缝在一起的莺类鸟，是鸟类中的高级裁缝。缝叶工作一般都由雌鸟承担，先选择香蕉、芭蕉之类的大型叶片，取其中一片或二片向下垂吊的叶子，在脚的配合下，把叶子合卷，在叶子边缘用嘴扎些小孔，然后用它那细长而弯曲的嘴当"针"，找些植物纤维、蜘蛛丝、野蚕丝做"线"，穿针引线，缠绳打结，一针一针、小心细致地将叶片缝合成口袋形，并留有出入口。为了使巢更加牢固些，它们不但在叶孔外留有一个线结防止脱落，还能巧妙地用纤维把叶柄紧紧地系稳在树枝上，甚至能使巢有一定的倾斜角度，以免雨水洒进巢内。想的如此周到，设计如此合理，真使人惊叹。这样巨大的工程，对于体长仅有130毫米、尾巴占去一半以上的小鸟是很不容易的。

胖小子

大山雀，不挑食，
什么害虫都敢吃。
果树虫，松毛虫，
吃成一个胖小子。

大山雀是有名的食虫鸟，以嗜吃害虫而著称。大山雀是害虫的一大天敌。在果园中，它的食物有74.8%是昆虫，其中有对苹果树、梨树和桃树危害严重的梨象（虫甲）、金（虫甲）、青刺蛾、天牛幼虫、蟒象等害虫，在农田附近吃直翅目、鳞翅目害虫；在针叶林内，它是吃松毛虫的好手，而且能啄食树皮内越冬的松毛虫。据统计，一只山雀一天能消灭200条松毛虫。通过饲养大山雀的幼鸟试验得知，一只幼鸟每天要吃1龄～2龄的松毛虫1800多条，吃蛾子30只以上。它一昼夜所吃的害虫总量，可与自己的体重相等，甚至有时还能达到一倍半。

小绅士

戴胜鸟，出门去，
头戴一顶小帽子。
走一步，头一点，
好像一个小绅士。

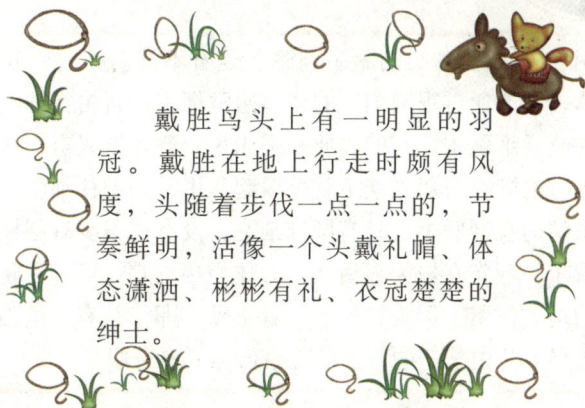

戴胜鸟头上有一明显的羽冠。戴胜在地上行走时颇有风度，头随着步伐一点一点的，节奏鲜明，活像一个头戴礼帽、体态潇洒、彬彬有礼、衣冠楚楚的绅士。

雀盲眼

麻雀白天飞出去，
睁大眼睛找粮食。
一到晚上看不见，
变成一个小瞎子。

麻雀和其他一些鸟类的眼睛到晚上是看不清物体的。我们知道，眼睛看物体，主要通过视网膜上的许多感觉细胞，再由视神经传递到大脑。在这些感觉细胞中，有的需要较强光来刺激才能兴奋，这种细胞叫圆锥细胞；有的则在较弱光线下就可以起作用，叫圆柱细胞。就麻雀而言，在它眼睛的视网膜上，只有圆锥细胞，没有或很少有圆柱细胞。这就不难理解了，麻雀在白天很活跃，人体想接近它，可一到晚上，就找一个避风的地方停留，因为它什么也看不见，即使是有一道强光射来，眼前也不过是一片白茫茫的，这种现象俗称"雀盲眼"。

筑鸟窝

寿带鸟，真可爱，

树上筑窝筑得矮。

再矮我也不抓它，

你也不要搞破坏。

在自然界里，有一种"寿带鸟"，它是神话中"梁山伯与祝英台"的化身。寿带鸟是候鸟，夏天从南方迁来我国繁殖。巢多建在乔木的主权上，做得非常精巧，巢口圆、底部尖，像是一个倒挂着的圆锥体。寿带鸟几乎完全以昆虫为食，是非常有益的鸟类。寿带鸟身型优美，羽色漂亮，常被捕捉；巢位不高，易遭捕捉和破坏，从而造成在自然界中数量减少。我们要注意加以保护。

报警

金丝雀，下矿井，
不挖煤，去报警。
一闻瓦斯头发晕，
工人撤离保生命。

"瓦斯"是一种有毒的混合气体，常产生在矿井之中，如遇明火，即可燃烧，发生"瓦斯"爆炸，直接威胁着矿工的生命安全。因此，矿井工作对"瓦斯"十分重视，除去采取一些必要的安全措施外，有的矿工会提着一个装有金丝雀的鸟笼下到矿井，把鸟笼挂在工作区内。原来，金丝雀对"瓦斯"或其他毒气特别敏感，只要有非常淡薄的"瓦斯"产生，对人体还远不能有致命作用时，金丝雀就已经失去知觉而昏倒。矿工们察觉到这种情景后，可立即撤出矿井，避免伤亡事故的发生。

兜 圈 子

旋木雀，真有趣，
爬树喜欢兜圈子。
一圈一圈爬上去，
边爬边找虫子吃。

旋木雀（食虫鸟）的体型大小似麻雀，但比麻雀身体细弱，生有长而下弯的细嘴和又长又尖富有弹性的尾羽。是典型的森林鸟类。取食方式特别独特，能沿直立的树干自下而上地呈螺旋形环绕树干攀爬，边爬边用尖嘴啄食隐藏在树皮下的昆虫。"旋木雀"的名字就是从这种特有的生活方式而来的。

化 妆

画眉姑娘爱打扮，

眼圈眉毛画白线。

化好妆，上舞台，

快乐歌儿唱不完。

画眉是我国著名的笼鸟之一，鸣声嘹亮、悦耳动听，并能仿效很多种鸟类的鸣声，深受人们喜爱。它的上体为橄榄色，头和背部的羽毛带有深褐色的轴纹，下体淡棕色，有非常显眼的白色眼圈和眉纹，"画眉"的名称即由此而来。画眉生活于我国长江以南的山林地区，喜在灌木丛中穿飞和栖息，常在林下的草丛中觅食，不善作远距离飞翔。杂食性，但在繁殖季节嗜食昆虫，其中有很多是农林害虫；在非繁殖季节以野果和草籽等为食，偶尔也啄食豌豆及玉米等幼苗。画眉为珍贵笼鸟，也是自然界内保护农林的益鸟。

吃面包

乌鸦要吃硬面包，
叼起面包水里泡。
面包吸水变软了，
轻轻松松就吃饱。

人比动物聪明，是因为人会动脑筋。那么，动物是不是都是不会"动脑筋"的笨蛋呢？有一只秃鼻乌鸦，被人打残废了，无法飞行，只好栖居在一户人家附近，靠吃残渣剩饭过日子。一天，该户主人拿一块干面包给它，秃鼻乌鸦用嘴啄了一下，发现面包很硬，便叼起面包走了。走不多远，这只乌鸦就停了下来，它把干面包放到给鸡、鸭饮水的盆里，然后再取出来。面包吸水后自然变软了，乌鸦就一点一点地吃了起来。

白眼圈

绣眼妈妈拿针线，
不绣衣服绣眼圈。
一绣绣个白眼圈，
娃娃都说真好看。

绣眼鸟是小型食虫鸟类，体型及颜色都很像柳莺。因其眼圈被一些明显的白色绒状短羽所环绕，形成鲜明的白眼圈得绣眼之名。绣眼鸟的嘴细小，主要在花中取食昆虫，亦食少量浆果。筑巢于高树的枝杈处，呈杯状，卵呈斑杂状。它们都是夏候鸟，在林间及林缘附近耕作区分布。每年春夏季在我国繁殖，常见种类有暗绿绣眼鸟及红胁绣眼鸟。

演唱会

嘲鸫鸟开演唱会，
一首一首唱不累。
唱了老歌唱新歌，
别的歌儿它也会。

啼唱本是鸟类的本性，但是像嘲鸫一样能发出各种各样歌声的鸟并不多。嘲鸫有许多种类，最著名的是美国南部的北方嘲鸫。它的歌声宛如不断变化的、动听的潺潺流水。反复唱过一支悦耳的曲子后它会换一支曲子再接着唱。每首歌里，都有许多音调是从别处模仿来的。如人声，甚至机器发出的声音。有时，其他鸟的叫声也会被它模仿得惟妙惟肖。

唱情歌

小鹟鸟，谈恋爱，
要唱情歌唱不来。
爸爸妈妈把它教，
唱着歌儿去求爱。

姻 缘 石

小鹟鸟在初恋之前需要成年鹟鸟的指导，否则小鹟鸟无法掌握谈情说爱的基本功。在自然界中，小型鸟类有很多天敌。为了在这种环境中生存下来，鸟类常用最简单的呼叫向同类传递信息。通过不断的遗传，这种呼叫成了鸟类的本能，可以无师自通。然而，"恋爱""成家"是非常复杂微妙的事情，其方式方法无法遗传。因此，没有成年鸟的指导，小鸟无法掌握谈情说爱的基本功。

抢新郎

黄脚三趾鹑，
姐妹感情好。
为了抢新郎，
又打又是吵。
胜者当女王，
胸膛挺得高。

　　绝大多数鸟类实行一夫一妻制。黄脚三趾鹑鸟，却是一妻多夫制，妻子统治着它的丈夫们。平日，黄脚三趾鹑姐妹们和睦相处，一起在灌木丛、草原处觅食。为了争夺雄鸟，雌鸟间的友好关系开始破裂，它们厮杀起来，演出一场场"抢新郎"的闹剧。获胜的雌鸟昂首挺胸，带领着它的一群"丈夫"，欢度"蜜月"去了。

邮递员

信鸽去当邮递员，
飞过万水和千山。
地球磁场帮助它，
悄悄给它指航线。

长途飞行、传书送信是信鸽的绝技。
这些年来，京、沪、广、皖等地，每年都举
行赛鸽会，进行飞鸽比赛。从上海到北京有
一千多公里，最好的信鸽只要4天就能飞完
这段航程。在漫长的飞行途中，信鸽常常要
与猛禽和风暴搏斗，显示了机智、勇敢和坚
毅的品性。信鸽怎么辨认千里迢迢之路呢？
原来鸽子会利用地球磁场来给自己导航。

斗狐狸

北极燕鸥爱打架,
狐狸来了全停下。
齐心协力斗狐狸,
啄得狐狸叫爹妈。

北极燕鸥可以说是鸟中之王。北极燕鸥不仅有非凡的飞行能力,而且争强好斗,勇猛无比。虽然它们内部邻里之间经常争吵不休,大打出手,但一遇外敌入侵,则立刻抛却前嫌,一致对外。实际上,它们经常聚成成千上万只的大群,就是为了集体防御。貂和狐狸之类非常喜欢偷吃北极燕鸥的蛋和幼雏,但在如此强大的阵营面前,也住往畏缩不前,望而却步,三思而后行。不仅这些小动物,就连北极最为强大的北极熊也怕它们三分。

黄菊花

戴菊头插黄菊花，

领奖台上戴红花。

为啥给她戴红花？

消灭害虫顶呱呱。

卢森堡的国鸟为戴菊。它长约10厘米，是欧洲最小的鸟。雄鸟额白色，头顶面黑色，中央羽毛呈橙黄色斑，好似戴着一朵黄橙色的菊花，因此得到了"戴菊"这个雅号。戴菊的鸣叫声尖细而高，"吱——吱——吱——"，却是十分悦耳。它大多在针叶林中苔藓和针叶上筑成篮状的巢，吊在树上，很精致，也很好看。戴菊起飞时，迅速振翅，在山林中寻觅小昆虫为食，对消灭森林害虫作出了很大贡献。

下水

角䴙䴘，好妈咪，
背着娃娃到水里。
到水里，干什么？
练习游泳学本事。

角䴙䴘雏鸟出壳以后，雄雌亲鸟就开始齐心合力地哺育它们。在水中游动时，亲鸟常常让雏鸟爬伏在它们的背上，在水中觅食、嬉戏，非常有趣。出壳不久，亲鸟就开始教小雏鸟练习游泳，它们会突然潜入水中，使背上的雏鸟不得不单独在水面上泅水前进，然后亲鸟再把雏鸟重新驮在背上，如此反复进行，小雏鸟很快就谙熟了水性，可以自由自在地跟在亲鸟后边游泳觅食了。

三角帽

南非小冠鸟，
头戴三角帽。
树上使劲跳，
帽子不会掉。

南非森林里有一种叫冠鸟的，因头顶似戴一顶色彩鲜艳呈三角形的羽冠帽而得名。这种鸟大小如喜鹊，身披五光十色的羽毛，外加一顶鲜艳羽冠，看上去非常美丽。这种鸟的两个趾爪极为发达，一生极少下地活动，既能像松鼠似的在树上跳来窜去，又能如啄木鸟那样在树干上爬行。

鸟中啄木郎

虫宝宝，一条条
藏在树洞睡大觉。
鸳形树雀衔树枝，
伸进洞子把虫挑。
"这里睡觉不温暖，
到我肚里好不好？"

太平洋加拉帕戈斯群岛上有一种鸣禽被称为鸳形树雀。鸳形树雀没有啄木鸟那种有效的长舌头。但它有一张短而有力的嘴，用来啄开幼虫在树或仙人掌内的洞穴，然后再衔起一根细树枝或是仙人掌刺把虫子从洞里弄出来。这是一个罕见的动物会使用工具的例子。人们还曾看见鸳形树雀把仙人掌刺收集成堆。它们这样做，是储存工具，以备后用。

131

扇翅膀

柳莺鸟，扇翅膀，
昆虫吓得叫爹娘。
柳莺鸟，追上去，
一嘴一个全吃光。

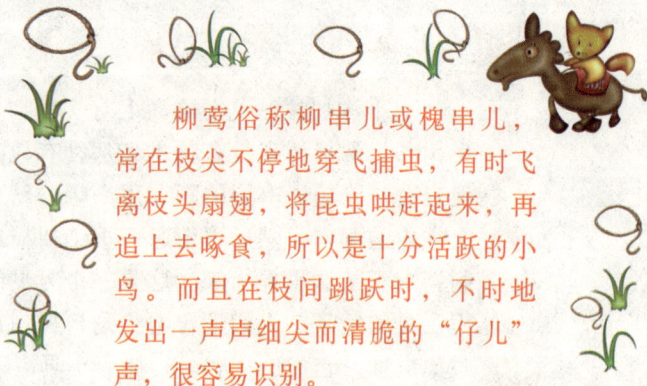

柳莺俗称柳串儿或槐串儿，常在枝尖不停地穿飞捕虫，有时飞离枝头扇翅，将昆虫哄赶起来，再追上去啄食，所以是十分活跃的小鸟。而且在枝间跳跃时，不时地发出一声声细尖而清脆的"仔儿"声，很容易识别。

借刺儿

伯劳找到大树子，
借上几根尖尖刺。
尖刺用来干什么？
扎穿田鼠慢慢吃。

伯劳是一种能唱会舞的小鸟，是捕捉田鼠的能手。我们知道猫头鹰善于捕捉田鼠，伯劳却没有猫头鹰那样的利爪和带钩的嘴。不过，伯劳很会想办法，它叼起田鼠向灌木丛飞去，选中树上尖利的刺，就把田鼠扔下来，让钢针般的树刺扎穿田鼠的皮肉，伯劳便从容地撕它的皮，吃它的肉。

133

红房子

红灶鸟，好手艺，
建造一间红房子。
大热天，待里面，
好像待在蒸笼里。

阿根廷的潘帕斯草原公路两旁电线杆的横木上、树枝上、房顶上和牧场的栅栏柱上，到处有天才的建筑师红灶鸟营造的环形巢。它像石头那样坚硬，即使石块击中，也不会破裂。巢是用泥沙、干草和牛粪混合建造的。这个干黏球虽能防御敌害，可是在炎热季节的烈日照射下，泥屋是热不可耐的。红灶鸟因擅长搭建奇异的巢而闻名于世。鸟巢呈红色，好像窑烧的红砖，巢又像炉子，人们叫巢为"面包烤炉"。红灶鸟不烤面包，却由此得到了一个名不符实的称号：面包师。

产鲜奶

斑鸠鸟，生乖乖，
妈妈天天产鲜奶。
妈妈出差怎么办？
爸爸一样会产奶。

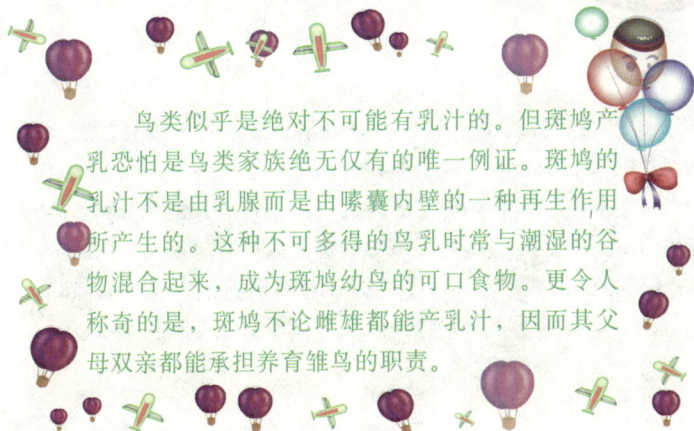

鸟类似乎是绝对不可能有乳汁的。但斑鸠产乳恐怕是鸟类家族绝无仅有的唯一例证。斑鸠的乳汁不是由乳腺而是由嗉囊内壁的一种再生作用所产生的。这种不可多得的鸟乳时常与潮湿的谷物混合起来，成为斑鸠幼鸟的可口食物。更令人称奇的是，斑鸠不论雌雄都能产乳汁，因而其父母双亲都能承担养育雏鸟的职责。

学外语

乌鸫鸟，去拜师，

天天练习学外语。

画眉杜鹃哈哈笑，

黄莺麻雀笑嘻嘻。

　　乌鸫其貌不扬，却是世界鸟类中著名的歌唱家。它的鸣声嘹亮，春天尤善鸣啭，平时多"吉—吉—吉—"地鸣叫，所以又叫它"吉吉鸟""乌春鸟"。乌鸫会模仿其他鸟儿的鸣叫声。它能发出画眉、杜鹃、黄莺、麻雀等的叫声，学得惟妙惟肖，而且反复鸣叫，不知疲倦。因此有"百舌鸟"的美誉。美洲的嘲鸫（又叫反舌鸟），歌喉乍展时，像莺歌燕语，又像枭啸鸡啼，还能学狗吠猫叫，磨盘咕噜声，咿呀声……难怪印第安人叫它"四百个舌头"的鸟了。

朱鹮鸟，红脸庞，
穿了一身白衣裳。
这家那家去串门，
送上祝福和吉祥。

朱鹮又称朱鹭（通名）、红鹤、朱脸鹮鹭、日本凤头，是一种美丽的中型鸟类。远看全身白色，近看翅和头呈粉红色，额顶和面颊都裸出没有羽毛，呈朱红色，朱鹮朱红色的光辉，显得淡雅美丽。因此，自古以来，我国民间都把它看作是吉祥的象征，称为"吉祥之鸟"。朱鹮生活在水田附近及沼泽地和山区溪流附近，平时栖息在高大的树木上，寻找食物时，才到水田、溪流沼泽地上。朱鹮的食物主要是动物，包括鱼类、两栖类、软体动物、环节动物、甲壳动物、昆虫，还兼食植物性食物，如米粒、小豆、谷物、草籽、芹菜、嫩叶等。

一见鸟笼皱眉头

格查尔，爱自由，
一见鸟笼皱眉头。
进了鸟笼想天空，
不吃不喝泪水流。

危地马拉热带森林里，栖息着一种叫格查尔的鸟。格查尔叫彩咬鹃，是世界上少有的美丽鸟儿。在太阳光的映照下，格查尔的羽毛闪烁着耀眼的霞光。格查尔鸟性情高洁，酷爱自由，没法笼养。据说，国王莫克特苏马曾在御花园设置了一个"鸟的王国"，喂养着美洲所有的珍禽异鸟，唯独养不活格查尔鸟。它宁可绝食而死，也不愿意失去自由，所以又赢得了"自由鸟"的美誉。

打鱼郎

普通翠鸟起了床，
不种蔬菜不种粮。
飞到水面捉鱼虾，
大家喊它"打鱼郎"。

普通翠鸟生活在溪流、湖泊、江河、鱼塘。善于俯冲到水面用尖嘴捕捉鱼、虾、水生昆虫、甲壳动物。长时间站立于近水处的树枝或岩石上耐心观嘹，发现小鱼浮至水面，俯冲到水面用尖嘴将鱼捕获，飞到树上或岩石上吞食。因独特的捕食方式，俗称"打鱼郎"。

要和花儿比美丽

太阳鸟，早早起，

太阳给它穿花衣。

太阳鸟，展双翅，

要和花儿比美丽。

太阳鸟是一种典型的热带鸟类。每当太阳初升，霞光映照，或者雨过天晴，万里蓝天的时候，太阳鸟和蝴蝶、蜜蜂等在万紫千红的百花丛中，成群飞翔。它们那鲜艳的羽衣，闪现红、黄、蓝、绿等耀眼的光泽，夺目异常，故名"太阳鸟"。

模特儿

小苇鳽当模特儿，
一动不动在那里。
大家画完收工了，
它还没有挪位置。

小苇鳽行动极为谨慎小心。稍有声响，或当它们感觉到有人到来时，常常向上伸直头颈，长时间一动不动地站在那里，就像一件标本或一株枯草，如不仔细观察，很难将它们同四周的芦苇和树枝区分开来。只有走到它的跟前，它才"噗"地一声飞走了。这是它在长期的进化过程中，发展得非常奇妙的模拟环境的本领，与周围环境融为一体，隐藏得非常巧妙，这种现象被称为"拟态"。

口袋房

拟椋鸟，真可爱，
房子建成小口袋。
口袋吊在树枝上，
睡了许多小乖乖。

拟椋鸟是随着季节迁飞的候鸟。拟椋鸟不喜欢独处，常常成群结队飞翔，集体营巢。它们建巢于树上，巢富有特色，是一种长长的袋状巢，悬垂在高高的树枝上。巢是用芦苇、树叶、草根、羽毛等编成的。难怪人们又叫它"吊巢鸟"了。

不爱多说话

长尾阔嘴鸟，
嘴巴生得大。
它怕泄机密，
不爱多说话。

长尾阔嘴鸟栖息于热带常绿阔叶林中，结群活动，多静栖于林下荫湿处的灌木或小树上，不善鸣叫和跳跃。以昆虫和其他节肢动物等为食，也吃小型脊椎动物和植物果实。筑巢于沟谷热带雨林中、溪流边的灌丛和矮树上。

快快乐乐一天天

火烈鸟，穿红衣，一家老小住一起。

吃小草，吃小鱼，荤菜素菜不挑食。

快快乐乐一天天，一活活到七八十。

火烈鸟喜欢生活在咸水湖、海湾或沼泽地带的边缘，成群的火烈鸟就像一团燃烧的火焰。火烈鸟跟鹳相似，嘴弯曲，颈部很长，羽毛呈白色微红，趾间有蹼。喜欢吃小鱼和蛤蜊，也吃昆虫和小草。每年春天定时脱换羽毛，初换新装时，颜色更加鲜艳动人，惹人喜爱。火烈鸟喜欢群居，经常成千上万只聚集觅食和嬉戏，过着红红火火的大家庭生活。火烈鸟是鸟类的寿星，最高可达80岁高龄。

兄弟鸟

银胸丝冠鸟，一对好兄弟。

弟弟被捉住，哥哥不离去。

想法救弟弟，不弃不分离。

银胸丝冠鸟生活在热带森林。善于用嘴在树枝和树叶上啄取昆虫、果实。大小和麻雀近似。常结小群在热带森林的林冠层活动。个体间相互联系时发出"嘀、嘀"的柔和叫声。有很强的团队精神，一鸟被网捕获，其余的鸟会在附近徘徊盘旋，企图搭救同伴，结果往往是整群鸟都被捕捉。

造浮船

小䴙䴘，当渔民，
造艘浮船水上停。
水一涨，船就涨，
睡在船里听水声。

小䴙䴘生活在湖泊、河流、水塘、沼泽。
能潜入水中用嘴捕捉鱼虾、水生昆虫和水生植
物。飞行笨拙，但善于游泳、潜水。在水草丛
中建造能随水位升降的浮巢。遇到危险时会将
幼鸟藏在翅膀下潜水逃避。清晨和黄昏时常发
出快速带颤音的叫声。

冬天生娃娃

雪花飘，冬天到，

交嘴雀，喳喳叫。

生下一群乖娃娃，

香甜松子吃个饱。

在我国东北兴安岭的松林里，常年居住着一种叫交嘴雀的鸟，它们与众不同地选中了银装素裹的严寒冬天作为繁殖后代的最佳季节。这究竟是什么道理呢？交嘴雀选营养丰富、香甜适口的松子为取食对象。固定的食性，使交嘴雀选择了冬天为繁殖期。冬天是松子丰收季节，可以保证食物的来源，就地取食非常方便。另外，一般的候鸟经不起寒冷，早已飞往南方越冬去了，交嘴雀可以不必担忧其他鸟来争食，安心地喂育它的"小宝宝"。松子仁是含有多种油脂的食物，不但对雏鸟抵御寒冷起着很大作用，而且可加速它们的生长。

一天到晚笑哈哈

红嘴鸥，红嘴巴，
吃昆虫，吃鱼虾。
不愁吃，不愁穿，
一天到晚笑哈哈。

红嘴鸥生活在江河、湖泊、水库、海湾。食鱼、虾、昆虫、水生植物、人类丢弃的食物残渣。结群活动，在空中或水上飞翔觅食。活动时常发出喧闹单调的"哈、哈、哈"叫声。红嘴鸥越冬期间体羽以白色为主，眼后有黑斑，两翅和背部灰色，嘴红脚红。

鱼儿先让娃娃吃

小剪嘴鸥去捕鱼，
叼着鱼儿飞回去。
鱼儿先让娃娃吃，
娃娃吃了长身体。

小剪嘴鸥出生后要靠父母喂养6周。父母会不辞辛苦、尽心尽力。当河里鱼多的时候，它们每10分钟便会叼着捕到的鱼飞回来给小剪嘴鸥吃。它们对孩子关怀备至。直到把小剪嘴鸥喂饱了，它们自己才吃。

练飞翔

渡鸦鸟，练飞翔，

练得身体强又壮。

活到七十挺精神，

比赛唱歌还得奖。

在我国鸟类中寿命最长的应数渡鸦，它可以活到80岁，称得上是鸟类中的寿星了。渡鸦是鸣禽中最大的鸟，善高飞，叫声响亮。渡鸦性凶悍，吃些家禽和家畜，如遇到病倒的牲畜时，会成群地将它围起，在身体上胡乱啄，直至把它啄死。它还能攻击野兔及猎食鼠类和一些小鸟，更喜啄食腐肉和动物内脏。渡鸦身体健壮，翅膀强大而有力，它的飞行时速可达50千米。

排队

鸟儿做操排排站，
鸵鸟站在最前面。
为啥鸵鸟站前面？
身材高大像标杆。

鸵鸟生活在广阔的非洲草原上。它们身材高大，站立时可高达2.5米；体重可达135千克，是现存鸟类中个体最大的种类。

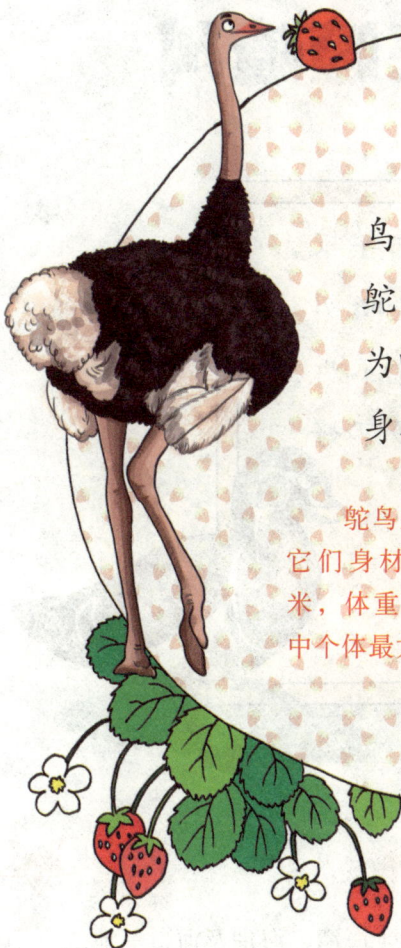

上课还在喳喳叫

红胸黑雁上学校，

上课还在喳喳叫。

老师招呼也不听，

不守纪律多不好。

红胸黑雁栖息于海湾、海港及河口等地。喜欢结群，较大的群体有时多达数百只。性情活泼好动，极为嘈杂，声音可以传到很远。善于游泳和潜水，飞翔的速度也很快。以青草或水生植物的嫩芽、叶、茎等为食，也吃根和植物种子。6月繁殖。营巢在陡峭的河岸附近、富有杂草和灌丛的溪流和峡谷旁、以及在斜坡地上的凹洼处。

出门打工

非洲鸵鸟好身体，
出门打工揽生意。
去当牛，耕田地，
去当马，运东西。

由于鸵鸟体格健
壮，非洲人就驯养它们
耕田、驮物，甚至让它
们放牧和供人坐骑。

织吊床

织布鸟，
织吊床，
吊床吊在大树上。
微风吹，床摇晃，
宝宝睡觉入梦乡。

织布鸟能把自己的"家"装修得又精致又舒适。织布鸟营巢工作几乎由雄鸟独自承担。雄鸟在选好的树枝上，用它那灵巧的嘴，衔来草茎或柳树纤维，先从外围开始制作，再从里向外传递巢材，如同织布梭子一样，故得"织布鸟"之名。织布鸟的巢称为"吊巢"，高挂在树枝下面，如同摇篮一样，是鸟巢中最显露不蔽的。常见一棵树上悬吊着10多个巢，群鸟环绕飞舞，甚是好看。雏鸟生活在这种巢内很舒适，如同一个个摇篮，在微风吹动下，轻轻地摇摆，亲鸟在巢外还不停地唱着"摇篮曲"。